AF331486

PHYSIQUE

ET

PHYSIQUE DU GLOBE

SAINT-DENIS. — IMPRIMERIE CH. LAMBERT.

ACTUALITÉS SCIENTIFIQUES

Publiées par M. L'abbé MOIGNO

PREMIÈRE SÉRIE. — N° 43.

PHYSIQUE

ET

PHYSIQUE DU GLOBE

DIVERS MÉMOIRES

De MM. Tyndall, Carpenter, Ramsay, Raphaël de Rossi et Félix Plateau

TRADUIT

Par M. L'abbé MOIGNO

PARIS

LIBRAIRIE DES *MONDES* | GAUTHIER-VILLARS

18, RUE DU DRAGON | 55, QUAI DES AUGUSTINS

1875

PRÉFACE

Cette actualité ne contient rien d'extraordinaire, et cependant j'y attache une certaine importance, parce que les travaux qu'elle résume ouvrent des horizons nouveaux et promettent beaucoup pour l'avenir.

La question de la transparence et de l'opacité acoustique de l'air est entièrement nouvelle dans la science ; tout ce que l'on en savait jusqu'ici était complétement erroné. Les diverses notes de M. Tyndall l'éclairent d'un jour absolument nouveau. Elles abondent en expériences tout à fait origininales, en observations complétement imprévues. On ne lira pas surtout sans un grand étonnement le récit de la bataille de Gain's Farms, p. 133, pendant laquelle deux grandes armées, largement approvisionnées de fusils et de canons en pleine activité, semblaient se battre dans un silence complet, tant l'atmosphère, optiquement très-pure, était, acoustiquement, tout à fait opaque.

L'exploration de la température du fond des océans, par M. William Carpenter, révèle aussi un grand nombre de faits ignorés et de très-grande importance.

La grande étude sur le Niagara, de M. Tyndall, est un chef-d'œuvre du genre, elle excitera une vive admiration. Au sein de ce torrent impétueux, comme au sein des avalanches des Alpes, l'illustre physicien a fait preuve d'une intrépidité incroyable, presque au-dessus des forces humaines.

Les deux histoires du Rhin et du Tibre aboutissent à ce résultat de très-grande portée : que l'époque quaternaire et la seconde époque glaciaire sont beaucoup plus près de nous qu'on ne le croyait ; que l'âge préhistorique touche presque à l'âge historique ; et que l'homme de la pierre taillée ou polie est presque le contemporain d'Énée dans le Latium.

Enfin, le mémoire de M. Plateau sur les couleurs accidentelles donne le dernier mot d'une théorie importante, difficile et longtemps controversée.

F. Moigno.

VARIÉTÉS DE PHYSIQUE

Par M. JOHN TYNDALL.

I

ACOUSTIQUE.

I. — LA TRANSPARENCE ET L'OPACITÉ ACOUSTIQUE DE L'ATMOSPHÈRE.

(Leçon faite à Royal Institution.)

Le nuage produit par la vapeur qui sort d'une locomotive intercepte les rayons d'un soleil de midi ; on ne doit donc pas s'étonner si, dans un épais brouillard, les plus puissantes lumières de nos phares, sans en excepter la lumière électrique, sont sans utilité pour les navigateurs. De nombreux et terribles désastres en sont la conséquence. Pendant les dix dernières années, par exemple, le nombre des naufrages sur les côtes du Royaume-Uni, causés par les brouillards et un temps obscur, s'est élevé, à ce que j'ai appris, à 273 vaisseaux.

Depuis quelques années on a fait, sur nos côtes et sur celles de l'Amérique, où le commerce est plus actif et les brouillards plus fréquents, plusieurs essais pour donner des avertissements et des guides aux vaisseaux, par le moyen de signaux sonores d'une grande puissance établis le long des côtes. On est loin d'être d'accord sur la construction de ces signaux, et jusqu'à présent on n'a pas fait des recherches assez complètes pour éloigner toute incertitude.

Ce problème a occupé pendant quelque temps l'attention des directeurs des phares, et aussitôt après mon retour de l'Amérique, ils me demandèrent, en qualité de leur conseiller officiel dans les matières scientifiques, de diriger des recherches complètes sur la question. Ils nommèrent une commission sous les auspices de laquelle deux stations ont été établies au cap South Foreland. J'entrepris ces recherches avec une ardeur aussi grande que pouvait me l'inspirer le sentiment d'un devoir, plutôt que le plaisir d'un succès espéré, car je savais que ce serait long et difficile, et que j'étais à la merci d'un milieu, l'atmosphère de la terre, qu'on ne peut enfermer dans une boîte où l'on puisse la soumettre à un examen scientifique. L'expérimentateur peut ordinairement imposer ses conditions à la nature et la forcer à répondre. Dans le cas actuel, nous sommes forcés d'accepter les conditions que la nature nous impose.

Cependant, si celui qui étudie un problème naturel y applique sincèrement son esprit et ne se décourage pas trop vite, il est sûr d'être à la fin récompensé de ses efforts ; et après un certain temps, des résultats importants, non-seulement dans un but pratique, mais à un point de vue purement scientifique, naîtront de ses recherches. Je l'ai fait savoir au chef de Trinity House, ajoutant qu'à mon avis, des résultats de cette nature pourraient sans inconvénient être communiqués à la Société royale et à l'Institution royale. Sa réponse a été prompte et cordiale, et il a été appuyé dans cette réponse par ses collègues. Ils ne m'ont pas seulement accordé la permission demandée (qu'ils auraient pu refuser pour des motits divers), mais ils m'ont aidé de toute manière dans la préparation de cette conférence.

Je dois ajouter que les directeurs des phares eux-mêmes ont eu une large part dans l'exécution de ces recherches, et que tout le succès qu'elles ont eu est dû dans une grande mesure à l'empressement et à l'exactitude avec lesquels mes désirs et mes suggestions ont été exécutés par ceux de ces messieurs avec lesquels j'ai eu l'honneur de travailler. Il n'est pas nécessaire de citer leurs noms, alors que tous ont été si sympathiques et d'un si grand secours, mais je dois en nommer quelques-uns de Trinity House qui m'ont aidé avec la plus grande assiduité et le plus grand zèle. Ce sont : l'habile ingénieur de Trinity House, M. Donglass; son assistant ingénieur, M. Ayres, et M. Price Edwards, le secrétaire privé du chef de Trinity House.

Les expériences ont commencé le 19 mai. Les instruments ont été montés au sommet et au pied du rocher du South Foreland. C'étaient deux trompettes ou cors en cuivre, longs de 11 pieds 2 pouces, ayant une embouchure de 2 pouces de diamètre, et à l'autre extrémité une ouverture de 22 pouces de diamètre. Ils avaient des anches vibrantes en acier de 9 pouces de longueur, 2 de largeur et $\frac{1}{2}$ d'épaisseur, et on les faisait résonner avec de l'air sous 18 livres de pression. Ils étaient montés verticalement sur le réservoir d'air comprimé; mais, à 2 pieds environ de leurs extrémités, ils étaient courbés à angle droit, de manière à présenter leurs ouvertures à la mer. Ces cors ont été construits par M. Holmes. Il y avait aussi deux sifflets de la forme de ceux qu'on emploie sur les locomotives, l'un de 6 pouces de diamètre, qu'on faisait résonner avec de l'air à 18 livres de pression ; l'autre, construit par M. Baily, de Manchester, de 12 pouces de diamètre, et que faisait résonner de la vapeur à 64 livres de pression.

Nous nous embarquâmes sur le steamer *Irène*, et nous nous plaçâmes en face de la station des signaux, faisant halte à une distance d'un demi-mille de cette station. Le vent était fort, la mer grosse. La supériorité des trompettes sur les sifflets était très-marquée, et je puis dire qu'elle a toujours continué de l'être. Leur son était extrêmement beau et puissant. A la distance d'un mille il était clair et fort, à 2 milles on l'entendait distinctement, quoiqu'il fût bien moins fort. On entendait aussi les sifflets, mais ils n'auraient pu servir de signaux dans un brouillard. A 3 milles, il en était de même pour les cors. Il fallait une grande attention pour qu'on pût les entendre distinctement. A la distance de 4 milles, après qu'on eut arrêté le mouvement de la machine, nous prêtâmes longtemps et attentivement l'oreille, mais nous n'entendîmes rien.

Le 20 mai, à la distance de 3 milles, on n'entendit pas du tout le sifflet à vapeur, mais on entendit faiblement les cors. A la distance de 4 milles, l'air étant très-clair, la mer calme, et selon toute apparence les circonstances généralement des plus favorables, on s'arrêta et l'on écouta. On entendit les cors de manière à ne pouvoir douter qu'il y eût du son. A 4,8 milles, les sons étaient faiblement entendus ; à 5 milles, un murmure accidentel arriva jusqu'à nous ; à 6 milles, le faible son d'un cor nous arrivait par intervalles. Un peu plus loin, quoiqu'on ne fît pas le moindre bruit, et que l'on prêtât la plus grande attention, l'on n'entendit rien.

Cette position, évidemment hors de la portée des sifflets et des trompettes, fut choisie dans le but de faire une expérience décisive de comparaison entre les cors et les canons, comme instruments de signaux dans les brouillards. Grâce à la bienveillance du général sir A. Horsford, nous avons pu faire cette comparaison. A 12 h. 30 m. précises, la fumée d'un canon de 18, avec une charge de 3 livres, fut aperçue à Dover Castle, qui était plus éloigné que le South Foreland d'environ 1 mille. Trente-six secondes après, on entendit le bruit du canon, et sa supériorité sur les trompettes parut ainsi démontrée. Nous confirmâmes cette observation en nous éloignant à une distance de 8 ½ milles, où nous entendîmes très-bien le bruit d'un second canon. A 10 milles, le bruit du canon fut entendu par quelques-uns et non par d'autres.

Dans ce que l'on sait sur la transmission du son à travers l'atmosphère, il n'y a rien, je crois, de contraire à la conclusion générale, déduite de ces expériences, que le canon l'emporte certainement sur les trompettes. Aucune obser-

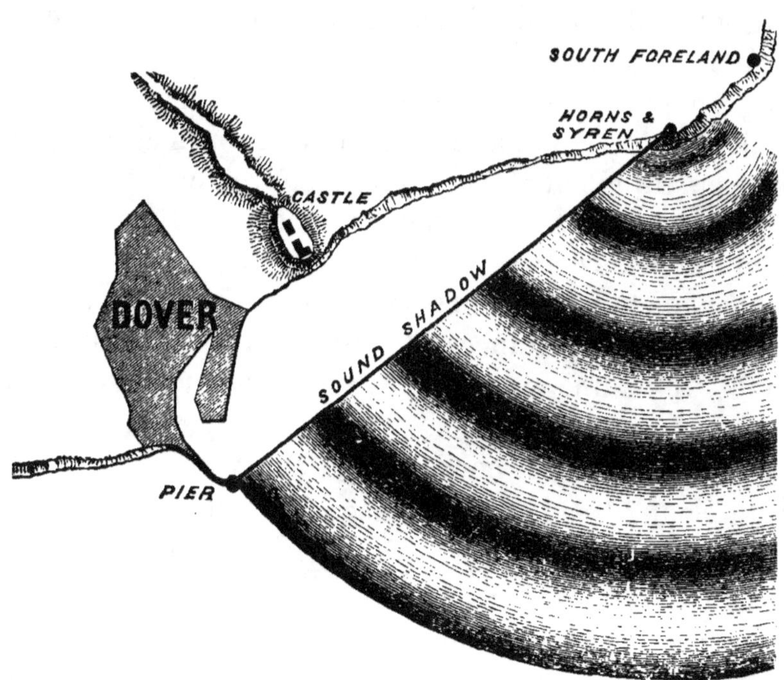

vation, à ma connaissance, n'a jamais été faite qui prouve que le son qui est prédominant dans un cas ne le soit pas toujours, ou que l'atmosphère, à des jours différents, montre une préférence pour des sons différents. Personne ne pouvait donc prévoir qu'il pût en être tout autrement, et c'est cependant ce qui est arrivé dans plusieurs des cas suivants.

Le 2 juin, la portée maximum, qui n'était d'abord que de 3 milles, est élevée ensuite à environ 6 milles.

Les conditions optiques du 3 juin ne promettaient absolument rien de favorable ; les nuées étaient sombres et menaçantes ; l'air était rempli d'une faible brume, et pourtant les trompettes s'entendaient très-bien à 9 milles. Une nuée très-chargée de pluie s'approchait avec une extrême vitesse. Les sons n'étaient pas sensiblement étouffés pendant que la pluie continuait. Cet état de l'atmosphère, suivant les opinions exprimées jusqu'à présent, aurait dû étouffer le son. Il lui était plutôt favorable, et c'est ce qui augmentait ma perplexité.

Le 10 juin, la portée maximum des signaux était de 9 milles. Mais un affaiblissement extraordinaire du son a été remarqué entre Douvres et le Foreland. A 1 mille de la station, le son s'éteignit rapidement. Surpris de la promptitude de cet effet, et pensant qu'il pouvait être produit par quelque accident survenu dans les trompettes, je fis un signal à la distance de 2 milles pour que l'on tirât les canons. Avec une charge de 3 livres, aucun d'eux ne fut entendu.

Le 11 juin nous nous dirigeâmes vers le phare de South Sound Head. A la distance de $2\frac{3}{4}$ milles, et même à 2 milles et moins de la station, les sons étaient moins forts qu'à $3\frac{3}{4}$ milles. Nous nous transportâmes en face de la station sur la ligne qui joint le South Foreland et l'extrémité de la jetée de l'Amirauté. A trois quarts de mille, le son s'affaiblit, et un peu plus loin on l'entendait à peine. Cet affaiblissement du son entre la chaussée et le

Foreland était invariable. Ceci a besoin d'un mot d'explication. L'extinction du son n'est pas produite directement
par une ombre acoustique, car elle se produit lorsque les
instruments sont en vue, mais la limite de l'ombre acoustique est tout près. Un peu en deçà de la ligne qui joint
le Foreland et l'extrémité de la jetée, le son des instruments est intercepté par un prolongement du rocher près
de la station ; tout l'espace de la mer entre cette limite
et le rocher sous Dover Castle est dans l'ombre. Dans
cet espace, les ondes directes divergent et perdent de
leur intensité par leur divergence ; et la partie de l'onde
la plus rapprochée de l'ombre est celle qui en perd le
plus. Il faut ajouter à cela l'effet de l'interférence.

Le 25 juin, la portée du son était de $5\frac{1}{4}$ milles. Le
26 juin, elle était de 10 milles. Le 25, le vent était dans
la direction du son ; le 26, il était dans la direction opposée. Il doit y avoir évidemment quelque chose qui
détermine la portée du son. Ce quelque chose est maintenant l'objet de nos recherches.

Est-ce la transparence de l'atmosphère ? Tous les auteurs, jusqu'à présent, ont vanté cette transparence comme
étant la plus favorable à la propagation du son ; mais le
18 juillet nous allâmes à une distance de 10 milles, et
nous entendîmes les sons, quoique le rocher blanc de
Foreland fût au même moment entièrement caché dans
une brume épaisse. Bien plus, le patron du *Varne* nous
rapporta que les sons avaient été entendus de son phare,
quoiqu'il fût à $12\frac{3}{4}$ milles du Foreland. Il était en outre
sous le vent qui soufflait contre le Foreland, de sorte que
la brume et le vent étaient alors contraires ; cependant le
son avait une portée au moins double de celle qu'il avait
aux jours où ni le vent ni la brume ne pouvaient gêner
la propagation du son.

Le 2 juillet, une obscurité acoustique subite, si je puis

employer cette expression, s'étendit sur l'atmosphère. La portée du son n'était que de 4 milles. La grandeur des fluctuations, de $3\frac{1}{2}$ à $12\frac{3}{4}$ milles, observée à cette date, était frappante ; mais je ne puis m'arrêter à aucune circonstance météorologique à laquelle on dût raisonnablement l'attribuer. Le vent, la transparence de l'air, le baromètre, le thermomètre, l'hygromètre ne m'étaient d'aucun secours. J'étais dans le plus grand embarras ; je cherchais la lumière, mais je ne voyais aucun moyen de l'obtenir.

La matinée du 3 juillet était très-belle ; le ciel était d'un bleu sans tache, l'air calme et la mer tranquille. Je pensais que nous pourrions entendre de très-loin. Nous allâmes au delà de la jetée et nous écoutâmes. On voyait le nuage de vapeur qui prouvait que les sifflets retentissaient ; on voyait la fumée des canons qui témoignait qu'ils avaient fait explosion. On n'entendait rien. Nous nous rapprochâmes ; mais à 2 milles nous ne pûmes entendre ni trompettes, ni sifflets, ni canons. Comme nous étions près de la limite de l'ombre du son, je pensai qu'elle pouvait y être pour quelque chose, de sorte que nous allâmes droit en face de la station, et nous nous arrêtâmes à la distance de $3\frac{3}{4}$ milles de cette station. Pas un clapotis de la mer, pas un souffle de l'air ne troublait le silence à bord, et nous n'entendîmes rien. Les bouffées de vapeur des sifflets s'apercevaient, et nous savions qu'entre deux bouffées, les trompettes résonnaient, mais nous n'entendîmes rien. Nous fîmes des signaux pour qu'on tirât les canons ; la fumée semblait être tout près de nous, mais pas le plus léger bruit. C'était une simple apparition muette à Foreland. Nous nous tînmes à 3 milles et nous prêtâmes toute notre attention. Ni les trompettes ni les sifflets ne nous envoyèrent le moindre indice de son. On fit de nouveau des signaux aux canons ; cinq firent feu, les uns en haut, les autres dirigés de notre côté. Aucun d'eux ne fut entendu. Nous approchâmes à la distance de 2 milles, et les canons firent feu de nouveau : l'obusier et le mortier, avec des charges de 3 livres, produisirent un bruit très-faible ; le canon de 18 ne fut nullement entendu.

En présence de ces faits, j'étais étonné et confondu, car des hommes distingués qui avaient étudié cette question d'une manière spéciale, avaient admis et affirmé qu'une atmosphère claire, calme, était le meilleur véhicule du son ; on supposait que la transparence optique et la transparence acoustique marchaient parallèlement ; on avait même proposé de prendre l'une pour mesure de l'autre. Et voici qu'un jour d'une transparence optique parfaite se trouve être d'une opacité acoustique presque impénétrable. J'ai été amené peu à peu à la conclusion que tout ce que j'avais lu sur ce sujet était faux, et que pendant 165 ans, c'est-à-dire depuis 1708, époque à laquelle le Dr Derham publia son célèbre mémoire sur ce sujet, les générations successives de savants ont répété les mêmes erreurs. Mais cette connaissance ne me servait pas à beaucoup. Le problème en était encore à attendre une solution.

Je me hasardai, il y a deux ou trois ans, à dire quelque chose sur le rôle de l'imagination dans la science, et malgré le soin que j'avais pris de définir et de démontrer l'étendue réelle de sôn domaine, plusieurs personnes, parmi lesquelles une ou deux fort capables, me jugèrent illogique et peu sérieux ; ils déclarèrent que je faisais simplement de la poésie quand je parlais de l'imagination. Mais l'histoire de la science compte un grand nombre d'hommes d'un tempérament fortement poétique, lesquels, en présence d'un problème scientifique, resteraient aussi froids et aussi clairs que la lumière des étoiles. Voyez ces deux morceaux d'acier poli. Avez-vous un sens ou le rudiment d'un sens pour distinguer si l'état intérieur de l'un diffère de celui de l'autre ? Cependant il y a entre eux une différence essentielle, car l'un est aimanté et l'autre ne l'est pas. Qui a permis à cet illustre savant, à ce caractère pur et élevé, Ampère, d'environner les atomes d'un aimant comme celui-ci de canaux dans lesquels circulent sans cesse des courants électriques, et de déduire de ces courants figurés tous les phénomènes du magnétisme ordinaire? Qui a rendu Faraday capable de rendre comme visibles à son esprit ses lignes de forces, de les suivre à travers les aimants et à travers l'espace, au point que les images qu'il s'en était formées l'ont conduit à des découvertes qui ont rendu ce lieu immortel? Qui, si ce n'est l'imagination? Je n'ai que trop de raison de savoir l'emploi fantastique et même scandaleux que l'on fait de cette faculté, lorsqu'on lui fait faire divorce avec l'intelligence disciplinée, et qu'on lui permet de s'exercer sur les émotions et les passions indisciplinées. Mais ce n'est pas là le rôle scientifique de l'imagination.

Revenons maintenant à notre sujet. Figurez-vous que vous êtes sur l'*Irène*, avec l'air invisible qui occupe l'espace entre vous et le South Foreland, sachant qu'il contient quelque chose qui étouffe le son, mais ne sachant pas quelle est cette chose. Vos sens ne vous servent absolument à rien ; vous êtes incapable de voir, d'entendre, de sentir, de goûter, de toucher l'objet de vos recherches ; tous les instruments scientifiques du monde, tels qu'ils existent maintenant, ne peuvent vous rendre le moindre service. Vous ne pouvez avancer d'un seul pas vers la solution du problème sans vous former une image mentale, en d'autres termes, sans exercer votre imagination. Permettez-moi de développer la marche exacte de ma pensée et de mon action.

Le soufre en cristaux homogènes est très-transparent à

la chaleur rayonnante, tandis que le soufre ordinaire du commerce l'est extrêmement peu. Pourquoi ? Parce que le soufre du commerce n'a pas la continuité moléculaire du cristal, mais qu'il est une simple agrégation de petits grains qui ne sont pas en contact optique parfait les uns avec les autres. Alors une partie de la chaleur est toujours réfléchie en entrant dans un grain et en en sortant. D'où il suit que, lorsque les grains sont petits et nombreux, cette réflexion est si souvent répétée que la chaleur est entièrement perdue avant d'avoir pu plonger à une certaine profondeur dans la substance. Une boule de neige est opaque à la lumière pour la même raison. Ce n'est pas de la glace continue optiquement, mais une agrégation de grains de glace, et la lumière qui tombe sur les surfaces de séparation des granules, ne peut pénétrer dans la neige à une certaine profondeur. Ainsi, par un mélange d'air et de glace, deux substances transparentes, nous produisons une substance aussi impénétrable à la lumière qu'une substance réellement opaque. La même remarque s'applique à l'écume, aux nuages, au sel commun, qui, cependant, sont tous des substances transparentes réduites en poudre. Ils sont imperméables à la lumière, non par l'absorption réelle ou l'extinction de la lumière, mais par la réflexion intérieure qu'elle éprouve.

On sait que Humboldt a appliqué ces principes dans ses observations aux cascades de l'Orénoque. Il trouva que le bruit des cascades était trois fois plus fort la nuit que le jour, quoique dans ces régions la nuit soit plus bruyante que le jour, à cause des bêtes et des insectes. La plaine entre lui et les cascades consistait en espaces d'herbes et de roches entremêlées. Dans la chaleur du jour, il trouva que la température de la roche était de 30° plus élevée que celle de l'herbe. Il en conclut que sur chaque roche échauffée il s'élevait une colonne d'air raréfié par

la chaleur, et il attribua l'affaiblissement du son aux réflexions qu'il éprouvait aux surfaces de séparation de l'air
plus dense et de l'air plus raréfié. Cette explication phi-

losophique nous apprend que, généralement, une atmosphère non homogène n'est pas favorable à la transmission
du son.

Mais le 3 juillet, sur une mer calme où il n'y avait ni

herbe ni rochers, qu'est-ce qui pouvait détruire l'homogénéité de l'atmosphère au point de la rendre capable
d'éteindre, à une si petite distance, des sons si puissants?

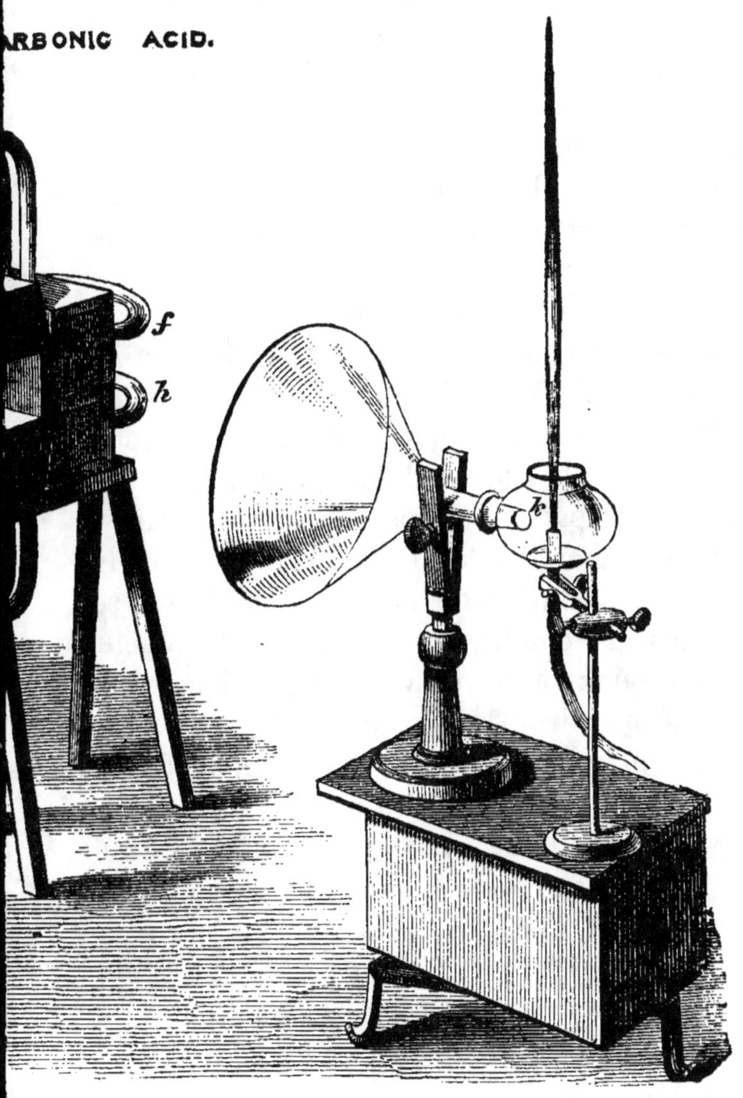

Comme j'étais sur le pont de l'*Irène*, occupé à méditer
sur cette question, je sentis l'action puissante du soleil
qui me frappait sur le dos et qui échauffait les objets
près de moi. Des rayons d'une puissance égale tom-

baient sur la mer, et devaient produire une évaporation abondante. Je pensai qu'il était extrêmement peu probable que la vapeur engendrée s'élevât et se mêlât avec l'air de manière à former un mélange absolument homogène. Je me dis que, certainement, cette vapeur devait former dans l'atmosphère des espaces divers à des degrés différents de saturation. Aux surfaces limites de ces espaces, quoique invisibles, nous devions avoir les conditions nécessaires pour produire des échos partiels, et par conséquent une perte de son.

Chose assez curieuse : les conditions nécessaires pour mettre cette explication à l'épreuve, se présentèrent immédiatement. A 3 h. 15 m. du soir, un nuage s'interposa devant le soleil, et forma une ombre sur tout l'espace entre nous et le South Foreland. La production de la vapeur fut empêchée par l'interposition de cet écran, et celle qui était déjà dans l'air put se mélanger avec lui plus parfaitement ; il était donc probable que le son serait transmis plus facilement. Pour vérifier cette conclusion, nous retournâmes à notre dernière position, où le son ne pouvait s'entendre. Comme je m'y étais attendu, les sons furent entendus distinctement, quoique faiblement : c'était à la distance de 3 milles. A $3\frac{3}{4}$ milles, on fit tirer les canons, pointés vers nous et en haut. Le bruit le plus faible fut tout ce que nous entendîmes, mais nous l'avions entendu, tandis qu'auparavant nous n'entendions rien, soit ici, soit à trois quarts de mille plus près. Nous allâmes à $4\frac{1}{4}$ milles, où les sons furent un moment entendus faiblement, mais nous cessâmes de les entendre quand nous attendîmes ; et quoique la plus grande tranquillité régnât à bord, que la mer fût sans une ride, nous ne pûmes rien entendre. Nous pouvions voir clairement les bouffées de vapeur qui annonçaient le commencement et la fin d'une série de sons des trompettes, mais les sons eux-mêmes ne pouvaient nullement être entendus.

Il était alors quatre heures du soir, et mon intention fut d'abord de faire halte à cette distance, qui était au delà de la portée du son, mais pas beaucoup au delà, et de voir si le soleil, en s'abaissant, ne rendrait pas à l'atmosphère le pouvoir de transmettre le son. Mais après avoir un peu attendu, on suggéra de laisser un bateau à l'ancre, et malgré ma répugnance à ne pas attendre le retour des sons que je prévoyais, je consentis à cet arrangement. Deux hommes furent placés dans le bateau, et on les pria de prêter toute leur attention pour qu'ils entendissent le son, s'il était possible. Avec le silence le plus parfait autour d'eux, ils n'entendirent rien. On les avertit de hisser un signal lorsqu'ils entendraient les sons, et de le maintenir hissé tant que les sons continueraient.

A 4 h. 45 m. nous les quittâmes, et nous nous dirigeâmes vers le phare de South Sam Head. Quinze minutes juste après que nous nous fûmes séparés d'eux, le pavillon fut hissé. Le son, comme je l'avais prévu, avait enfin réussi à percer la masse d'air entre le bateau et le rivage.

Étant revenus vers notre bateau à l'ancre, nous apprîmes que lorsque le pavillon fut hissé, l'on entendait les sons des trompettes, et que leur intensité augmentait à mesure que le soir s'approchait. A notre arrivée, nous entendîmes naturellement nous-mêmes les sons.

La conjecture sur l'explication de l'extinction des sons paraissait ainsi confirmée et démontrée, mais nous prolongeâmes la démonstration en nous éloignant encore davantage. A 5 $\frac{3}{4}$ milles nous fîmes halte et nous entendîmes les sons. A 6 milles, nous les entendîmes distinctement, mais si faibles que nous crûmes avoir atteint la limite de la portée du son. Mais tandis que nous attendions, la force du son augmenta. Nous allâmes à la bouée du Varne, qui est à 7 $\frac{3}{4}$ milles de la station des signaux, et nous y entendîmes mieux les sons qu'à la distance de 6 milles.

Nous étant dirigés vers le phare de Varne, qui est situé à l'autre extrémité du bas-fond de Varne, nous hélâmes le patron, et il nous apprit qu'avant 5 h. du soir on n'avait rien entendu. A cette heure, on commença à entendre les sons. Il décrit l'un d'eux comme « très gros, semblable au beuglement d'un taureau , » ce qui est exactement le caractère du son du grand sifflet à vapeur américain. Au phare de Varne, les sons furent donc entendus vers la fin du jour, quoiqu'il soit à 12 $\frac{3}{4}$ milles de la station des signaux.

Que signifient exactement ces résultats? Imaginez un homme sur un bateau à l'ancre, à 2 h. du soir, à une distance de 2 milles du Foreland, et supposez qu'il a en sa possession des instruments qui lui permettent de mesurer l'intensité croissante du son. Appliquons la loi du rapport inverse des carrés des distances : pour porter le son à six fois la distance, son intensité à 2 milles a dû devenir 36 fois plus grande. Mais le phare du Varne est éloigné du Foreland de plus de 6 fois 2 milles. En supposant qu'il ne se produisît pas d'absorption ou de réflexion partielle, l'observateur aurait dû trouver que, le soleil étant descendu à la position qu'il avait à 6 h. du soir, le son aurait eu une intensité plus de 40 fois aussi grande qu'à 2 h. du soir. En réalité, l'augmentation était encore plus grande.

Nous avons maintenant à considérer le côté complémentaire des phénomènes. On a reconnu qu'une couche d'air de 3 milles d'épaisseur, dans un jour parfaitement calme, était capable d'étouffer le bruit des canons et le son de trompettes employés au South Foreland (cap du sud) ; toutes les observations qui viennent d'être rapportées indiquent un mélange d'air et de vapeur comme la cause de ce phénomène extraordinaire. Un pareil mélange peut former dans l'air un *nuage acoustique* imperméable, dans un jour d'une transparence *optique* parfaite.

.Mais, cela admis, il n'est pas croyable que des sons d'une si grande puissance puissent totalement disparaître à une distance aussi petite, sans qu'ils donnent signe de leur existence. Supposons donc qu'au lieu de nous placer derrière le nuage acoustique, nous nous mettions devant lui ; ne devrions-nous pas, en vertu de la loi de la conservation, nous attendre à recevoir par réflexion le son que nous avions manqué de recevoir par transmission ? Le cas serait alors strictement analogue à celui de la réflexion de la lumière sur un nuage ordinaire pour un observateur placé entre lui et le soleil.

Mon premier soin, le matin du jour en question, fut de m'assurer si notre impuissance à entendre les sons n'avait pas pour cause quelque dérangement dans les instruments. A une heure après midi, je ramai vers le rivage et je débarquai au pied du rocher du South Foreland. La masse d'air qui avait déjà montré une puissance si extraordinaire pour intercepter le son, et qui manifesta cette propriété d'une manière encore plus sensible lorsque le jour fut plus avancé, était alors en face de nous. Les ondes sonores frappaient contre lui, et elles étaient renvoyées vers nous avec une intensité surprenante. Les instruments, cachés à nos yeux, étaient sur le sommet d'un rocher, à 235 pieds au-dessus de nous ; la mer était calme, il n'y avait pas de vaisseaux ; l'atmosphère était sans uages, et il n'y avait aucun objet en vue qui pût produire un pareil effet. Les échos venaient de l'air parfaitement transparent, d'abord avec une force qui paraissait peu inférieure à celle du son direct ; ils s'éteignirent ensuite graduellement et d'une manière continue. Mon compagnon, M. Edwards, fit cette remarque : « A moins de dire que les échos semblent venir de l'étendue de l'Océan, il ne paraît pas possible d'indiquer un point de réflexion mieux déterminé. » En effet, aucun point de cette nature ne pouvait se voir ; les échos nous arrivaient comme renvoyés par des murs magiques et absolument invisibles. L'assertion d'Arago : que les nuages sont nécessaires pour produire des échos atmosphériques, est par conséquent insoutenable.

La réflexion sur des surfaces aériennes n'a jamais été démontrée expérimentalement. C'est purement une question de raisonnement, et je désirais beaucoup en faire une démonstration. J'ai fait une ou deux expériences grossières sur la transmission du son à travers une série de flammes ; et je ne doute pas qu'avec une disposition convenable, on ne puisse faire avec succès des expériences de cette nature. J'ai pensé alors que des couches alternatives d'acide carbonique et de gaz d'éclairage, celles-ci s'élevant par leur légèreté, celles-là tombant par leur poids, pourraient fournir un milieu hétérogène convenable pour la démonstration. Je communiquai cette idée à mon assistant, M. Cottrell, qui possède à un degré éminent l'art d'inventer des appareils, et il l'a réalisée de la manière la plus admirable. Voici une esquisse et une description de l'appareil, page 12 et 13 :

Une galerie de 2 pouces carrés de côté, de 4 pieds 8 pouces de longueur, ouverte aux deux extrémités, fermée par un verre à sa face antérieure, court dans la boîte ab. L'espace au-dessus et au-dessous est divisé en cases qui s'ouvrent dans la galerie par orifices oblongs qui se correspondent verticalement. Les cases 1, 3, 5, etc., de la série supérieure communiquent par un tube (*d d*) avec le réservoir supérieur (*g*), celles qui leur font face dans la série inférieure donnent un accès libre à l'air. De même les cases 2, 4, 6, etc., de la série inférieure communiquent avec le réservoir inférieur (*i*), et chacune a son passage direct dans l'air par la case immédiatement au-dessus. Les tubes distributeurs de gaz sont remplis en même temps par leurs extrémités, les supérieurs de gaz acide carbonique, les inférieurs de gaz d'éclairage, au moyen des embranchements (*f*, *h*). Une caisse bien calfeutrée qui s'ouvre à l'extrémité de la galerie forme une petite caverne d'où partent les ondes sonores produites par un timbre électrique. A quelques pieds de l'autre extrémité de la galerie, et dans sa direction, est une flamme sensible (*k*), munie d'un entonnoir formant collecteur du son et abritée contre les courants par un écran.

On fit sonner le timbre. La flamme, répondant rapidement à chaque coup de marteau, fit entendre une sorte de son musical, tant étaient réguliers ses raccourcissements et ses allongements, à mesure qu'elle était frappée par les pulsations successives des sons. On fit alors arriver les gaz. Ving-cinq jets aplatis de gaz d'éclairage s'élevèrent des tubes inférieurs, et vingt-cinq cascades d'acide carbonique descendirent des tubes supérieurs. Ce qui était un milieu homogène avait alors cinquante surfaces de séparation, sur chacune desquelles une partie du son était réfléchie. Au bout de quelques moments, ces réflexions successives étaient devenues si efficaces, que pas une seule onde sonore ne pouvait traverser l'atmosphère optiquement transparente, mais acoustiquement opaque de la galerie, tandis qu'auparavant la flamme était comme aplatie et écrasée par un gazouillement ou un tintement produit à vingt pieds de distance. Tant que les gaz continuèrent de couler, la flamme demeurait parfaitement tranquille. Lorsqu'on interrompait l'écoulement, les gaz se diffusaient rapidement dans l'air ; l'atmosphère de la galerie redevenait homogène, et par conséquent acoustiquement transparente ; la flamme s'abattait à chaque impulsion du son, comme auparavant. Des couches alternatives d'air ordinaire et d'air saturé de diverses vapeurs produisent le même effet.

Pendant ma récente visite aux États-Unis, j'ai accompagné le général Woodruff, ingénieur en chef des deux districts de phares, aux établissements de Staten Island et de Sand Hook, avec l'intention expresse d'observer la construction des syrènes à vapeur qui ont été introduites, sous la direction du professeur Henry, dans le système des phares des États-Unis. On fit des expériences, et j'ai rapporté un souvenir assez vif de l'effet mécanique du son de la syrène à vapeur sur mes oreilles et mon corps en général. J'ai remarqué que cet effet était plus grand que celui produit par les trompettes de M. Holmes ; aussi, ai-je désiré voir essayer la syrène au South Foreland. L'expression formelle de ce désir avait été prévenue par les directeurs des phares, qui ont été eux-mêmes prévenus à leur tour par l'obligeante courtoisie du conseil des phares de Washington. Informé par le major Elliott que nos expériences étaient commencées, le conseil envoya à la corporation, pour l'essayer, le noble instrument monté actuellement au South Foreland. Le principe de la syrène est facile à comprendre. Un son musical est produit lorsque la membrane du tympan est frappée périodiquement avec une rapidité suffisante. La production de ces chocs de l'air contre le tympan a été d'abord réalisée par le docteur Robinson. Mais la syrène elle-même a été inventée par Cagniard de la Tour. Il employa une boîte avec un couvercle perforé, et au-dessus du couvercle un disque pareillement perforé, qui pouvait tourner. Les trous étaient obliques, de sorte que, quand l'air soufflait, le disque était mis en mouvement. Lorsque les trous coïncidaient, l'air s'échappait ; lorsqu'ils ne coïncidaient pas, le courant d'air était interrompu. La succession régulière des chocs ainsi donnés à l'air produisait un son musical. Même sous sa petite forme, l'instrument est capable de produire des sons d'une grande intensité. La syrène a été perfectionnée par Dove, et notablement agrandie par Helmholtz.

Dans la syrène à vapeur brevetée par M. Brown, de New-York, on emploie aussi un disque fixe et un disque tournant, avec des fentes radiales pratiquées dans les deux disques, au lieu de trous circulaires. Un des disques est fixé dans un tube en forme de trompette, long de 16 pieds 1/2, dont le diamètre est de 5 pouces à l'endroit où le disque le traverse, et qui s'agrandit graduellement jusqu'à l'autre extrémité, où le diamètre est de 2 pieds 13 pouces. Derrière le disque fixe est le disque tournant, mis en mouvement par un mécanisme séparé. La trompette est montée sur une chaudière à vapeur. Dans nos expériences, on a employé ordinairement la vapeur à 70 livres de pression. Tout comme dans la syrène à air, un jet de vapeur s'échappe lorsque les fentes radiales coïncident. Des ondes sonores d'une grande intensité sont ainsi transmises à travers l'air ; le ton de la note produite dépend de la rapidité avec laquelle les jets de vapeur se succèdent, en d'autres termes, de la vitesse de rotation.

Le 8 octobre, je restai quelque temps au Foreland, écoutant les échos. J'ai déjà parlé des échos des trompettes ; ceux des syrènes étaient encore plus extraordinaires. Comme les premiers, ils étaient parfaitement continus, et s'affaiblissaient comme si les distances eussent augmenté graduellement. Le son simple semblait rendu complexe et multiple par ses échos, qui ressemblaient à une série de trompettes répondant d'abord tout près de nous, puis s'éloignant rapidement vers les côtes de la France. Les échos des syrènes duraient onze secondes, ceux des trompettes huit secondes. Avec des sons de même diapason, la durée de l'écho peut être prise pour mesure de la force de pénétration du son.

Je m'éloignai de la station pour diminuer la force du son direct. J'entrai dans l'ombre du son derrière une colline adjacente. Les échos furent alors plus merveilleux qu'auparavant. Dans le cas des syrènes, le renforcement du son direct par l'écho était très-distinct. Une seconde après que la syrène eut commencé à résonner, l'écho rendit aussi comme un son nouveau. Ce premier écho a donc dû être renvoyé par une masse d'air qui n'avait pas plus de 600 à 700 pieds d'épaisseur.

Il paraît qu'il y a une connexion directe entre la durée des échos et la distance à laquelle a pénétré le son. Le 17 octobre, la transparence parfaite de l'après-midi me détermina à choisir ce moment pour étudier les échos. Les échos de ce jour, lorsque nos sons transmis avaient atteint leur maximum, surpassaient en durée ceux de tous les autres jours. Nous entendîmes la syrène à la distance de quinze milles. Sur la fin du jour, nous trouvâmes que ses échos duraient de quatorze à quinze secondes; cette longue durée indiquait la distance d'où les échos nous arrivaient.

La transparence optique de l'atmosphère était très-grande dans la matinée du 8 octobre; on voyait très-bien les côtes de France, le phare de Grinez, le monument et la cathédrale de Boulogne étaient distinctement visibles à l'œil nu. A 5 1/4 milles de la station, le cor était entendu faiblement, la syrène clairement. A 2 heures 30 minutes du soir, une nuée épaisse et noire couvrit le ciel à l'O.-S.-O. A cette heure, la distance étant de six milles, le cor était entendu très-faiblement, la syrène plus distinctement ; tout était silencieux à bord pendant les observations. Une nuée venant de l'ouest s'approchait alors de nous ; on voyait tomber à l'O.-N.-O. des torrents de pluie, des nuages énormes s'accumulaient au nord.

A la distance de sept milles, la syrène n'était pas forte, et le cor était très-faible.

A la fin, la grosse pluie nous atteignit ; mais quoiqu'elle tombât dans tout l'espace entre nous et le Foreland, le son, au lieu d'être étouffé, augmenta sensiblement de force. La grêle s'ajouta alors à la pluie, et l'averse acquit une violence tropicale. Nous nous arrêtâmes. Au milieu de cette furieuse tempête, on entendait distinctement le cor et la syrène. A mesure que la pluie diminuait, et qu'ainsi le bruit local de sa chute s'affaiblissait, la force des sons augmentait au point qu'à la distance de 7 1/2 milles on l'entendait distinctement, mieux qu'à cinq milles à travers l'atmosphère sans pluie. Cette observation est tout à fait opposée à l'assertion de Derham, qui a été répétée par tous les auteurs depuis son époque : que la chute de la pluie étouffait le son. Mais elle s'accorde parfaitement avec notre expérience du 3 juillet, qui prouve que l'eau à l'état de *vapeur* mêlée à l'air, de manière à former des parties non homogènes, exerce l'influence la plus puissante pour éteindre le son. Avant le violent orage, l'air était à cet état floconneux, mais la chute de la pluie et de la grêle rétablit en partie l'homogénéité de l'atmosphère, et augmenta son pouvoir de transmettre le son. Il peut y avoir des états de l'atmosphère accompagnés de pluie qui ne soient pas favorables au son, mais je n'ai jamais pu découvrir que la pluie produisît le plus léger effet pour étouffer le son.

Les observations continuèrent jusqu'au 25 novembre.

A cette époque nous n'avions pas de brouillard ; mais l'expérience du 1ᵉʳ et du 30 octobre détruit entièrement la notion que la transparence optique marche de pair avec la transparence acoustique. Dans ces deux derniers jours, la brume était assez épaisse pour nous cacher la vue des rochers du Foreland ; or le premier de ces jours les sons arrivaient à 12 3/4 milles, le second à 11 1/2 milles.

On a cru jusqu'à présent que la réflexion sur les particules du brouillard et de la brume éteignait le son. Le dernier brouillard épais de Londres a permis de faire des expériences qui renversent complétement cette conclusion. Le 10 décembre, j'ai fait quelques expériences sur la Serpentine. Le brouillard était très-épais. M. Cotterell se tenait sur l'allée sous l'extrémité sud-ouest du pont qui sépare Hyde Park de Kensington Gardens, tandis que j'allai à l'extrémité est de la Serpentine. Il fit résonner un sifflet de chien et un tuyau d'orgue donnant le son *mi*, qui correspond à 380 vibrations par seconde. J'entendais distinctement les deux sons. Je changeai alors de place avec lui, et, en écoutant attentivement sur le pont, j'entendis pendant un certain temps le son distinct du sifflet seulement. Le tuyau d'orgue m'envoya à la fin sa note plus basse à travers l'eau. Quelquefois cette note s'entendait très-distinctement, et d'autres fois je ne l'entendais pas du tout. Ces fluctuations, dont plusieurs exemples frappants ont été observés, sont dues à la formation de nuages acoustiques, qui agissent sur la source du son, comme la formation de nuages ordinaires sur le soleil. Le sifflet offrait la même intermittence quant à la période, mais dans le sens contraire, car le sifflet était faible quand le tuyau d'orgue était fort, et *vice versâ*.

Il semblait qu'il y eût une quantité extraordinaire de son dans l'air. Il était rempli d'un bruit sonore venant des routes de Bayswater et de Knightsbridge. Les sifflets du chemin de fer étaient extrêmement distincts, tandis que les signaux de brouillards faisant explosion aux différentes stations de la métropole, produisaient une forte et presque constante canonnade. Je ne pouvais concilier cet état de choses avec les assertions si catégoriquement répétées sur l'influence des brouillards.

L'eau était ce jour-là plus chaude que l'air; la vapeur ascendante était en partie condensée instantanément, et révélait ainsi sa distribution. Au lieu de se diffuser uniformément, elle formait des colonnes et des stries. Je suis bien sûr que, si la vapeur avait pu se maintenir en cet état, l'air aurait été beaucoup plus opaque pour le son. En d'autres termes, je crois que la même cause qui diminuait la transparence optique de l'atmosphère augmentait sa transparence acoustique.

Cette conclusion a été confirmée par des observations nombreuses faites pendant que dura le brouillard (1).

Le 13 décembre, le brouillard fut remplacé par une brume légère. Nous pouvions voir facilement d'un bord de la Serpentine à l'autre, et bien au delà de Hyde Park. Il y avait un affaiblissemen extraordinaire du bruit des voitures, du son des cloches, etc. Étant sur le pont, j'écoutais les sons produits à l'extrémité de la Serpentine. En prêtant la plus grande attention, je ne pouvais rien entendre; je marchai le long du bord de l'eau du côté de M. Cottrell, et, lorsque j'eus diminué de moitié la distance qui nous séparait, le son de son sifflet ne fut pas aussi distinct qu'il l'avait été sur le pont le jour du brouillard le plus épais. Il suit de là que la purification optique de l'air produite par l'évanouissement du brouillard

____

(1) Depuis que les premiers comptes rendus de cette conférence ont paru dans les journaux, on a reçu de fortes preuves qui en confirment les conclusions.

l'avait obscurci acoustiquement, et qu'un son produit à l'extrémité de la Serpentine était réduit pour le moins au quart de son intensité au point milieu entre cette extrémité et le pont.

Ce brouillard arrivé à propos me permit de dissiper une foule d'erreurs qui toujours, depuis l'année 1708, s'étaient accumulées sur cette question. Relativement aux signaux phoniques des côtes, nous savons maintenant exactement où nous en sommes.

Il est bon de faire remarquer ici que la solution du problème sur le rôle de la grêle, de la pluie, de la neige, de la brume et du brouillard, relativement au son, dépend entièrement des observations faites le 3 juillet, qui fut à peu près le dernier jour qu'on avait dû prendre pour les expériences sur les signaux de brouillards. En effet, il a été réellement établi que les observations faites en un pareil jour seraient sans utilité; elles auraient pu, à la vérité, nous mettre à même de laisser de côté de mauvais instruments pour des bons, mais elles n'auraient pu rien nous apprendre sur la question des signaux pendant les brouillards. Cela prouve que la solution d'une question doit souvent être cherchée dans une direction diamétralement opposée à celle qui semblerait devoir être suivie.

II. — SUR LE MOUVEMENT ET LA SENSATION DU SON.

Je n'ai pas besoin de dire aux dames et aux messieurs qui honorent ces conférences de leur présence qu'elles ont plus spécialement pour but l'instruction des jeunes garçons et des jeunes filles Comme dans tous les autres cas où j'ai été chargé de donner des leçons, je m'efforcerai, tout en évitant les détails superflus, d'exclure du sujet toute difficulté inutile, tout étalage de science, et de le présenter aux jeunes intelligences avec force et simplicité.

Le sujet de ces conférences est le mouvement et la sensation du son. Il n'y a pas d'enfant qui ne sache ce que je veux dire quand je parle de la sensation du son. Mais quelle raison ai-je de parler du mouvement du son? Ce point doit être rendu parfaitement clair en commençant. Pour cela je choisirai parmi vous un garçon pour vous représenter, ou je vous permettrai de le choisir vous-mêmes, si vous le préférez. Ce jeune garçon, que vous pouvez appeler Isaac Newton ou Michel Faraday, viendra avec moi à Dover-Castle pour faire connaissance avec le général qui en est le commandant, sir Alfred Horsford, et il lui exposera que nous désirons résoûdre un problème scientifique important. Il nous aidera certainement; il nous enverra un canon et un artilleur intelligent, et nous prendrons des dispositions pour que cet homme fasse entendre des coups de canon à certains moments pendant le jour. Nous mettons nos montres d'accord, et avant de le quitter, nous demandons à l'artilleur de tirer un coup. Nous sommes tout près, nous voyons le feu et nous entendons le son. Il n'y a pas d'intervalle sensible entre les deux. Lorsque nous nous tenons tout près du canon, le feu et le bruit se produisent au même instant.

Nous quittons l'artilleur en l'avertissant de faire feu aux instants précis convenus entre nous. Mettons le premier coup à midi, le second à midi et demi, et ainsi de suite à toutes les demi-heures. Nous quittons l'artilleur à onze heures et demie, nous descendons du château et nous allons au bord de la mer, où un petit steamer nous attend. Nous nous éloignons à un peu plus d'un mille du lieu où nous avons laissé l'artilleur; nous tirons nos montres et nous attendons midi. Enfin Newton dit : « Dans une demi-minute tout juste le canon doit faire feu; » et juste au moment convenu nous voyons le feu du canon. Mais où est le son qui se produisait avec le feu quand nous étions sur le rivage? Nous attendons un peu, et cinq secondes exactement après que nous avons vu le feu, nous entendons l'explosion : il a fallu ce temps au son pour parcourir un peu plus d'un mille.

Nous nous éloignons à une distance double, et nous attendons le coup de canon de midi et demi. Nous voyons la fumée, mais il faut maintenant dix secondes pour que le son arrive jusqu'à nous; nous triplons la distance, il lui faut quinze secondes; nous quadruplons la distance, et nous trouvons que le son met vingt secondes avant que nous l'entendions. Ainsi, si le temps était clair, nous pourrions aller jusque sur les côtes de la France, et entendre le canon. Dans tous les cas, nous trouverons que la fumée apparaîtra exactement aux instants convenus avec l'artilleur, ce qui prouve que la lumière nous arrive sans retard, tandis que le son tarde de plus en plus à nous atteindre, à mesure que nous nous éloignons. Je pense que ces expériences nous donneront tout droit de parler du « mouvement du son. »

Mais elles nous apprennent aussi que la vitesse du son a été réellement déterminée. Les expériences les plus célèbres sur cette question ont été faites en France et en Hollande. On choisit deux stations éloignées l'une de l'autre de dix à douze milles; on tira des coups de canon à chaque station, et l'intervalle entre l'apparition du feu et l'arrivée du son fut mesuré exactement par les observateurs à l'autre station. On a trouvé de cette manière que, lorsque l'air était à la température de la glace, la vitesse du son dans l'air était de 1 090 pieds par seconde. On doit trouver cette vitesse différente à des jours différents; quand le temps est plus chaud, le son marche plus vite.

Mais je ne dois pas vous laisser partir avec l'idée que la lumière n'a pas besoin de temps pour traverser l'espace. Ce grand problème a aussi été résolu; et nous savons maintenant que, tandis que le son se propage à une vitesse de 1 090 pieds par seconde, la lumière parcourt la distance presque incroyable de 186,000 milles dans le même temps. Aussi, avec les distances employées dans nos observations, nos montres étaient tout à fait incapables de nous apprendre que la lumière demande du temps pour traverser l'espace.

Mais, si je m'arrête ici, vous me demanderez d'abord quelle est cette chose qui traverse l'air avec une vitesse de 1 090 p. par seconde, et qui, lorsqu'elle nous atteint,

2.

nous fait entendre une explosion. Nous donnerons une réponse entière et complète à cette question ; mais, pour cela, nous avons besoin d'une petite préparation. Comme le marin allant au combat, nous déblaierons notre tillac pour l'action ; et ici je dois vous engager à me prêter votre attention patiente et résolue.

Afin de savoir comment le son se propage dans l'air, il faut d'abord que nous sachions quelque chose sur l'air lui-même. Examinons l'air.

D'abord, l'air a du poids. Il pèse sur un seul pied carré de cette table avec le poids de près d'une tonne ($144 \times 15 = 2160$ livres). Voici un cylindre de verre recouvert au sommet d'une feuille de caoutchouc. L'air presse sur cette surface d'un poids de près de 900 livres. Mais alors vous me demanderez comment le caoutchouc peut le porter. Pourquoi ne s'enfonce-t-il pas? Parce que l'air est de chaque côté, et que la pression à l'intérieur est exactement égale à celle de l'extérieur. Mais, si j'enlève l'air de l'intérieur du cylindre, vous verrez bientôt le caoutchouc s'affaisser sous le poids de l'air qui pèse sur lui.

On adapte un tube de la machine pneumatique à un tuyau communiquant avec l'intérieur du cylindre, appliqué par ses bords sur une plaque de cuivre ; on fait jouer la machine ; le diaphragme de caoutchouc s'enfonce aussitôt, et se colle contre la paroi du cylindre en formant un vase profond dans son intérieur.

Lorsqu'on fait rentrer l'air, vous remarquez que le caoutchouc revient lentement à sa position respective ; il y reviendrait entièrement s'il n'avait pas été trop étiré.

Nous avons vu l'effet produit quand on supprime la pression intérieure. Qu'arriverait-il si l'on supprimait la pression extérieure? Le caoutchouc se dilaterait. Au lieu d'essayer d'enlever tout l'air de cette salle, ce qui est

impossible, je vais couvrir ces deux vessies flasques et af-
faissées avec ce vase de verre, que j'applique avec
soin sur le plateau au-dessus duquel elles sont suspendues et je fais le vide : leurs plis sont maintenant presque effacés; à présent elles sont redevenues telles qu'elles
étaient auparavant.

Pourquoi cela ? Parce que les particules d'air ont la propriété de se repousser, et d'occuper ainsi un espace suffisant pour remplir les vessies dès que la pression extérieure est supprimée. L'air de cette salle est pressé par
tout le poids de l'atmosphère. La force répulsive que les
particules d'air exercent les unes sur les autres est appelée la force élastique de l'air.

Nous avons maintenant à examiner comment le son
du canon se propage à travers l'air. Le coup de canon
lance-t-il quelque chose à travers l'air ? Non. On peut
représenter grossièrement les particules d'air par les
boules disposées l'une contre l'autre sur une même file
dans cette rainure. Je prends la première et je la fais rou-
ler contre la seconde. Vous voyez que la rangée ne se
meut pas; la boule de l'extrémité seule se sépare. La
première communique son mouvement à la seconde, puis
s'arrête ; la seconde communique son mouvement à la
troisième, celle-ci à la quatrième, et ainsi de suite jusqu'à la dernière, qui, ne rencontrant plus de résistance, se
détache et s'enfuit. Nous pouvons nous figurer de cette
manière le mouvement transmis d'une particule à l'autre
de l'air.

On peut s'en former une idée encore meilleure d'après
ce modèle (fig. 1), qui a été inventé par l'esprit ingénieux de mon assistant, M. Cottrell.

Je tiens dans ma main une queue (A), qui traverse
le montant (B), et avec laquelle on peut transmettre le
choc d'une boule (C), par un ressort, à une seconde

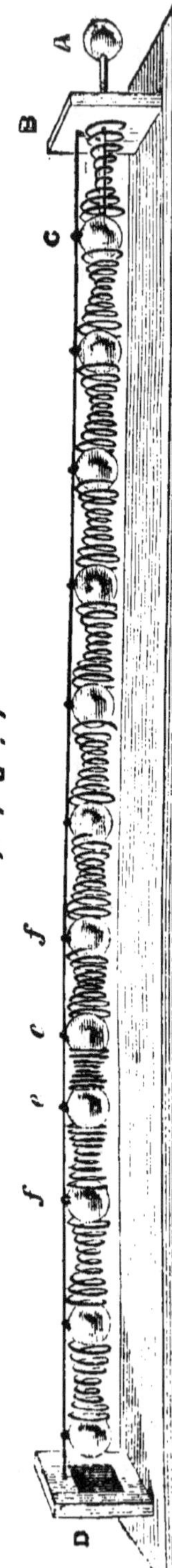

boule : de celle-ci par un autre ressort encore à une troisième boule, et ainsi de suite, jusqu'à ce que le choc arrive enfin à la dernière boule, qui est lancée contre le coussin en caoutchouc de l'extrémité (D), placé là pour représenter d'une façon mécanique grossière le tympan de l'oreille. Je presse la queue (A) avec un mouvement rapide de ma main, et vous voyez que, quoique la boule (C) ne fasse qu'aller et venir, cependant elle communique une sorte de pulsation *f e e f* qui marche le long de la ligne, et force enfin la dernière boule à frapper un coup vif contre le coussin (D).

Si vous pouviez vous glisser dans le tube de l'oreille, vous trouveriez, au fond, une belle membrane fine, appelée le tympan, ou membrane tympanique. Le choc des pulsations de l'air tombant sur cette membrane la fait vibrer; ses frémissements sont transmis aux nerfs auditifs; par ceux-ci ils sont envoyés au cerveau et produisent en vous la sensation du son.

Vous devez être en état maintenant de vous figurer la manière dont l'exploson de ce petit canon est transmise à travers l'air. J'introduis dans le tube une baguette munie d'un tampon; il y a un bouchon à l'autre extrémité, et en poussant la baguette contre le bouchon, j'oblige les particules de l'air à se comprimer : elles résistent, comme je puis le sentir par la force que je suis obligé d'exercer, mais à la fin leur résistance combinée produit son effet en chassant avec une sorte d'explosion le bouchon qui est à l'autre extrémité.

L'expansion subite de l'air intérieur communique son mouvement à l'air extérieur adjacent ; celui-ci fait de même à l'air plus éloigné ; finalement les pulsations condensées frappent le tympan de vos oreilles, et vous entendez le bruit.

Je puis vous montrer d'une autre manière le passage d'une pulsation à travers l'air. Voici un tube long de onze pieds, et dont le diamètre est de quatre pouces ; ses deux extrémités sont fermées par des feuilles noires de caoutchouc. Un bouchon presse légèrement contre la surface du caoutchouc à l'une des extrémités (comme dans la fig. 2, *a*); au bouchon est attachée une tige mince portant à son extrémité supérieure un petit marteau (*b*) qu'un ressort mince en fil de fer (*d*). empêche de frapper sur la sonnette (*c*), contre laquelle il butte. Si maintenant on envoie une impulsion vive de l'autre extrémité du tube, le caoutchouc écartera le bouchon et poussera le marteau contre la clochette. Une impulsion lente ne ferait pas sonner le timbre à l'extrémité plus éloignée. Les particules d'air sont très-mobiles et glissent très-facilement les unes autour des autres, de sorte qu'il faut un choc vif pour donner naissance à une onde sonore dans le tube, et faire sonner le timbre hors du tube. Je frappe vivement avec mes doigts sur le caoutchouc; aussitôt le bruit du choc et le coup du marteau sur le timbre à l'autre extrémité du tube se font entendre en même temps. Ce tube a onze pieds de longueur : le son se propage dans l'air à raison d'environ onze cents pieds par seconde; par conséquent le temps employé par l'onde sonore pour traverser ce tube est de $\frac{1}{100}$ de seconde, intervalle beaucoup trop petit pour qu'il puisse être mesuré par nos oreilles.

L'air est donc un véhicule ou transmetteur du son. Supposez que nous supprimions l'air autour du corps résonnant, celui-ci serait-il entendu? Cette expérience a été faite par M. Hawksbee il y a bien des années (1705). On place sous un globe de verre un timbre avec un marteau que fait marcher un mouvement d'horlogerie. A présent vous entendez le son très-distinctement; le jeu de la machine pneumatique produit en apparence peu d'effet sur le son, mais bientôt le son s'évanouira, et maintenant vous voyez le marteau qui frappe sur le timbre sans faire de bruit. Il fait son travail dans un silence absolu. Je laisse rentrer l'air dans le globe, le tintement du timbre est bientôt entendu, et rend promptement le son musical accoutumé.

Nous avons donc prouvé que, lorsque l'air est supprimé, nous n'avons pas de son, et que, lorsque l'air revient, le son revient avec lui.

Nous allons maintenant suivre la question un peu plus loin. Le professeur Leslie a reconnu que, lorsqu'il y a un peu d'air dans l'espace qui environne le timbre, on peut entendre un peu de son, et que si l'espace d'où l'on a ôté l'air est rempli d'hydrogène, l'hydrogène amortit le son. Le professeur Stokes a prouvé que, pour produire une onde sonore dans l'hydrogène, il fallait un coup plus vif que dans l'air, de sorte que le choc qui produit une onde sonore dans l'air ne suffit pas pour produire une onde sonore dans l'hydrogène, qui est un gaz bien plus léger ou moins dense.

Mon assistant, M. Cottrell, a imaginé l'expérience que je vais vous faire voir pour démontrer cet effet. J'ai un long tube d'étain (fig. 2) plus étroit que celui dont je viens de me servir, mais qui a comme lui un morceau de caoutchouc tendu sur chaque ouverture de ses extrémités, avec un marteau et un timbre disposés contre l'une d'elles, comme ci-dessus; à l'autre extrémité est un marteau de liége fixé à une tige mince d'acier,

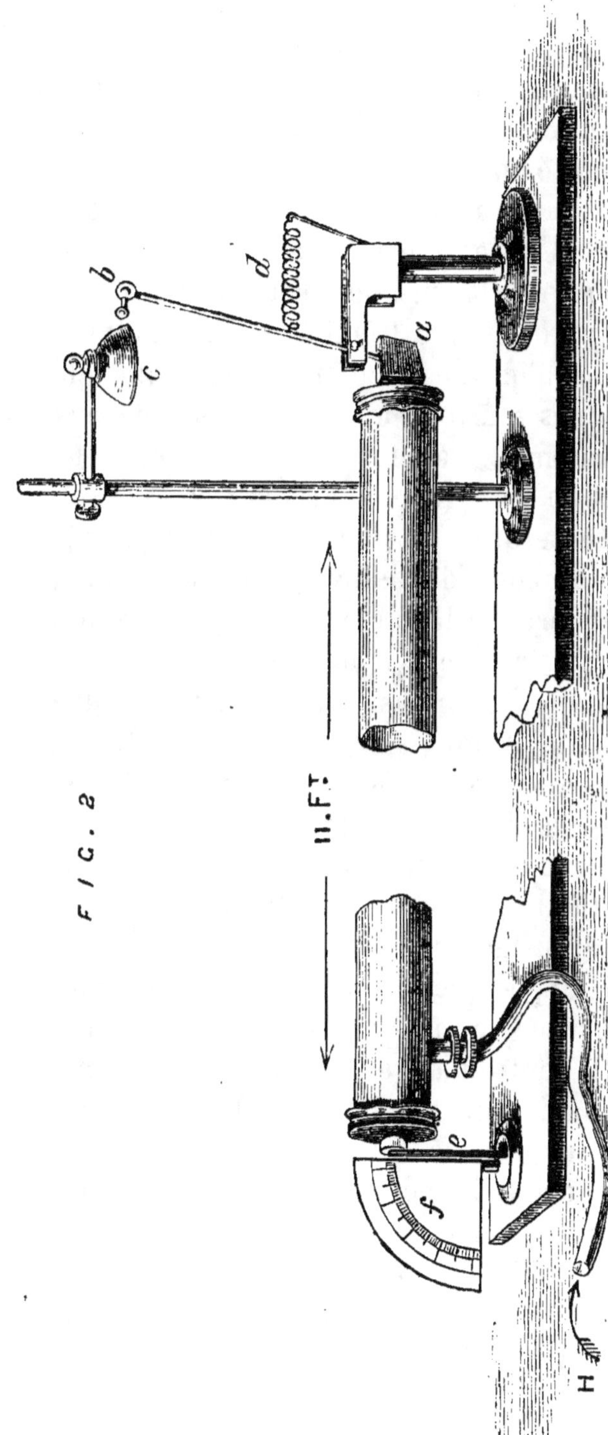

qu'on peut tirer en arrière à une certaine distance (mesurée sur une feuille de carton graduée). J'ai ainsi le moyen d'envoyer comme auparavant une pulsation le long du tube, et de faire sonner le timbre à l'autre extrémité ; mais maintenant je le fais par un coup d'une force mesurée. J'introduis actuellement de l'hydrogène dans le tube par l'extrémité qui est près du bouchon servant de marteau (l'hydrogène entre par le tube H, qui est un peu plus bas que l'autre extrémité) ; et pendant l'entrée de l'hydrogène, je continue d'envoyer des pulsations d'une force mesurée le long du tube ; le timbre continue de résonner pendant un peu de temps, mais après une minute l'air a été déplacé en assez grande quantité pour que le timbre cesse de résonner. Lorsqu'on chasse l'hydrogène, vous entendez de nouveau le timbre, ce qui prouve que la pulsation peut être portée de nouveau d'une extrémité à l'autre du tube.

FIG. 3.

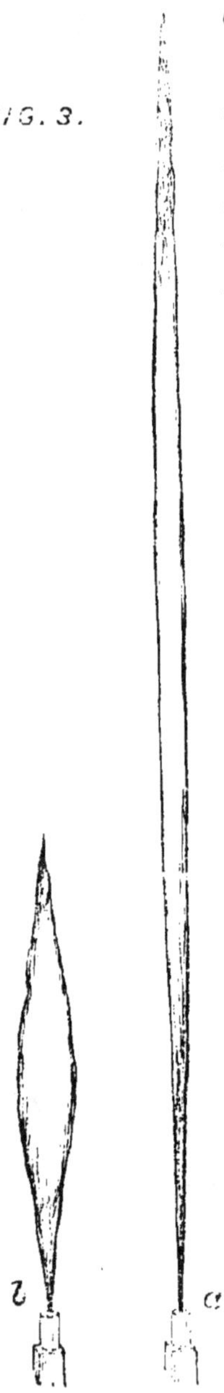

Jusqu'ici nos démonstrations ont été rendues sensibles à vos oreilles ; je veux maintenant rendre sensible à votre vue l'action d'un tube pour empêcher le son de se perdre. Le moyen d'épreuve que je me propose d'employer est une flamme. J'ai derrière la table un gazomètre qui fait sortir le gaz par un bec de stéatite. Je l'allume, et nous avons cette longue flamme terminée en pointe (fig. 3, *a*) ; nous allons voir que cette flamme est très-sensible. Sifflez-lui, et voyez avec quelle rapidité elle vous répond ; une grande partie de la longueur de la flamme s'évanouit instantanément, aussitôt que le son l'a frappée (fig. 3, *b* et *c*). Je fais tinter une pièce de monnaie, je frappe deux clefs l'une contre l'autre, et cette flamme danse à chaque tintement que je fais. Le courant d'air de la salle que nous avons eu soin d'établir pour votre bien-être, empêche ces phénomènes de se produire aussi bien qu'ils le font quand la salle est vide, mais ils sont parfaitement visibles. Personne dans cette salle ne peut entendre le tic tac de ma montre ; mais si je la tiens près de la flamme, vous pourrez entendre distinctement la flamme faisant un petit bruit, et la voir se raccourcir subitement à chaque coup de l'échappement de la montre. La régularité de sa danse indique la régularité du mouvement de la montre.

Et maintenant remarquez l'action du tube pour empêcher la déperdition du son. Avec une flamme moins sensible comme épreuve du son, j'enlève le caoutchouc des extrémités du tube de onze pieds et je mets la flamme à l'extrémité la plus éloignée de moi. Le bruit de ces deux clefs que je frappe l'une contre l'autre ne fait pas bouger la flamme ; mais maintenant la distance entre moi et la flamme étant aussi grande qu'auparavant, je frappe à l'ouverture opposée du tube, et chaque coup, par le moyen de la flamme, est rendu aussi visible à vos yeux que perceptible à vos oreilles.

A travers l'air libre, cette petite clochette que je fais sonner n'affecte pas la flamme ; mais lorsque je la mets à l'extrémité du tube, la flamme danse à chaque coup. Les tuyaux parlants tirent leur propriété de ce seul fait qu'ils empêchent la perdition des pulsations sonores ; ils agissent précisément comme le fait ce tube.

Comme vous le savez, la lumière ne peut pas tourner autour d'un écran opaque ; le son ne le peut pas non plus, quoiqu'il le fasse plus facilement que la lumière. Cette clochette agit automatiquement. Je l'agite, et elle sonne. A quelques pieds de distance, la flamme répond à chaque coup. Placée derrière une planche, la flamme reste tranquille. Je la retire de derrière la planche, et elle danse à chaque coup de marteau. (Pour cette expérience, la flamme sensible était disposée comme dans la fig. 4, avec un entonnoir de verre ayant son tube placé en face de la racine de la flamme ; la planche était placée à environ dix pieds de la bouche de l'entonnoir.) Le son peut, par conséquent, être intercepté de la même manière que la lumière peut l'être.

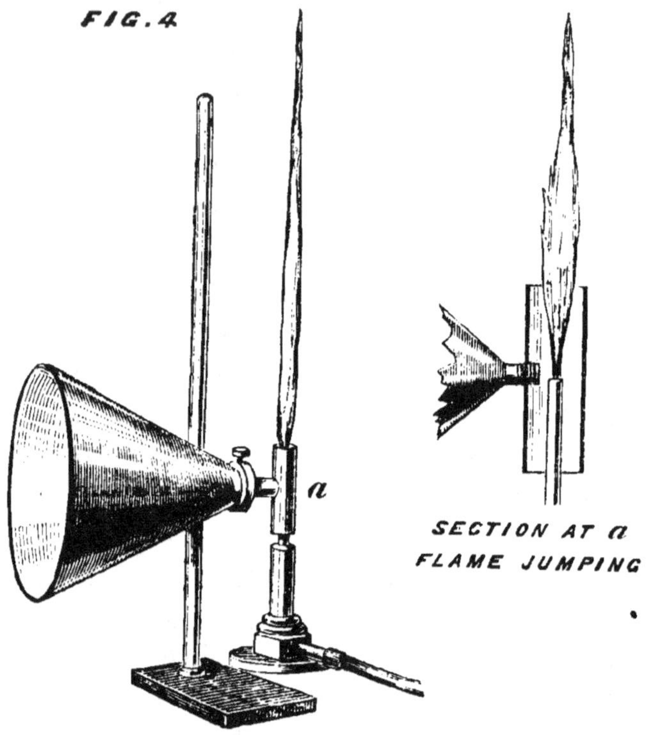

Dans cette caisse qui est bien calfeutrée, est un timbre que je puis faire sonner à volonté. Le seul chemin par où le son peut sortir est cette petite ouverture carrée à l'une de ses faces. Le timbre sonne maintenant sans faire mouvoir la flamme sensible (disposée comme dans la fig. 4) ; mais lorsqu'on tourne la caisse, de manière que son ouverture soit en face de la flamme immobile, on voit celle-ci danser et bondir comme auparavant.

Il y a aussi sous d'autres rapports une ressemblance entre le mode d'action du son et de la lumière.

Lorsqu'on fait tomber un faisceau de lumière électrique sur le miroir de verre que je tiens à la main, le faisceau est réfléchi par le miroir, et sa trace étant marquée par la poussière qui flotte dans la salle, vous pouvez voir la direction qu'il prend. Cette direction est conforme

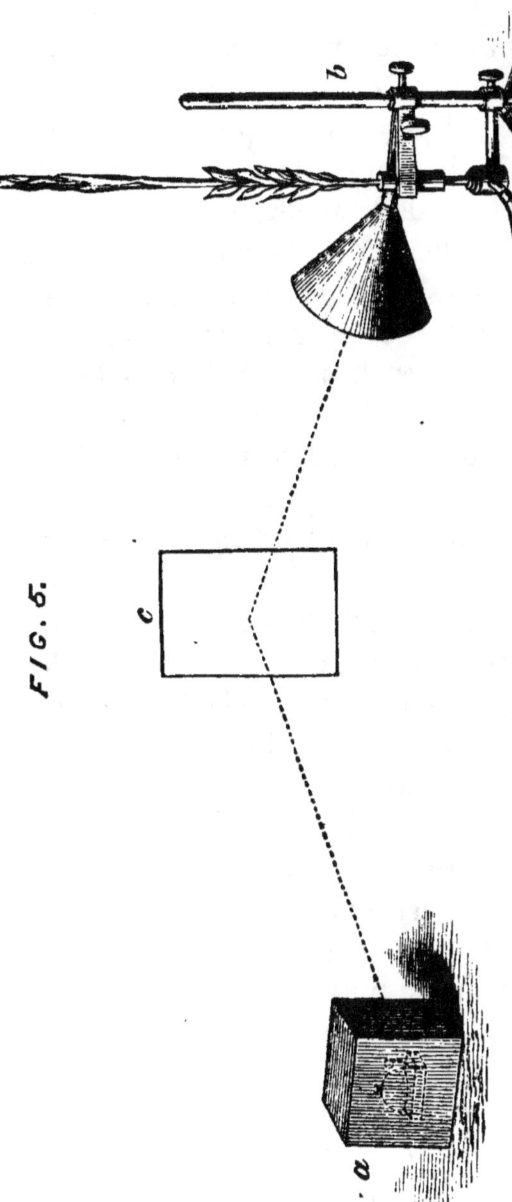

à une loi bien connue, savoir, que l'angle d'incidence est égal à l'angle de réflexion. Il est parfaitement évident pour vous qu'une ligne menée perpendiculairement à ce miroir partagerait en deux angles égaux le grand angle formé par les deux faisceaux de lumière.

J'espère maintenant rendre visible à vos yeux la réflexion du son, conformément à cette même loi.

Je place à l'un des angles de cette table notre flamme sensible (*b*), à l'angle opposé la caisse calfeutrée contenant le timbre électrique (*a*), flg. 5, avec son ouverture dirigée vers la direction suivie tout à l'heure par le faisceau lumineux, et je tiendrai cette planche (c), lorsque tout sera prêt, dans l'endroit où je tenais auparavant le miroir de verre. Mon assistant fait maintenant sonner le timbre. Vous voyez que la flamme n'en éprouve aucun effet; mais lorsque je place la planche, le raccourcissement de la flamme à chaque coup du timbre, prouve que la loi de la réflexion du son est la même que la loi de la réflexion de la lumière : l'angle d'incidence est égal à l'angle de réflexion. Dans ce cas, la flamme est affaissée par le son réfléchi ou par son écho.

Nous venons de mettre en évidence la réflexion du son sur une surface plane ; voyons maintenant s'il se comporte comme la lumière lorsqu'il est réfléchi par des surfaces concaves.

Le faisceau de lumière électrique est dirigé maintenant sur le miroir concave. Vous voyez la trace lumineuse marquée sur la poussière fine qui flotte dans l'air ; aussitôt qu'elle frappe la surface polie, elle est renvoyée, mais les rayons ne suivent plus leur marche parallèle, ils sont convergents et se concentrent en un point. En tenant un morceau de papier au point où ils se rencontrent, et qu'on appelle le foyer, on rend visible la petite étoile brillante de lumière formée par leur convergence.

Remplaçons la lampe électrique par une petite clochette, et au lieu du morceau de papier, mettons la flamme sensible au foyer du miroir. Vous ne pouvez pas voir la trace de ces ondes aériennes comme vous avez vu les ondes lumineuses ; mais une preuve évidente qu'elles obéissent à la même loi de réflexion, c'est que la flamme sensible se raccourcit chaque fois qu'elle est atteinte par une onde sonore. Lorsque la flamme est hors du foyer du miroir, elle est insensible ; remettez-la au point où convergent les ondes sonores, et elle répondra à chaque coup. Portez la sonnette dans un point quelconque où les ondes sonores, quoiqu'elles aient

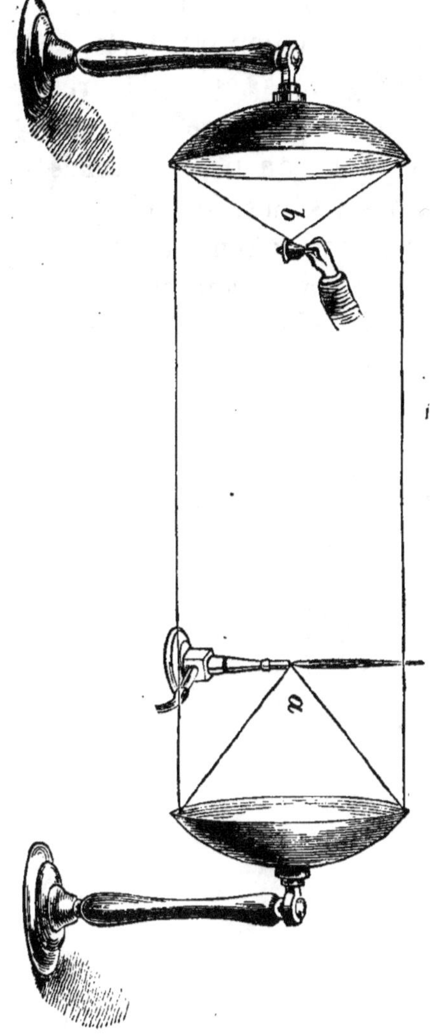

la même distance à parcourir pour arriver à la flamme, ne tombent plus sur le miroir, la flamme restera parfaitement tranquille.

Nous pouvons aller encore plus loin. Voici deux miroirs dont la courbure et les dimensions sont les mêmes. Une lumière est placée au foyer de l'un d'eux, de manière que ses rayons qui tombent en divergeant sur la surface courbe deviennent parallèles après leur réflexion, et qu'ils arrivent sur le miroir opposé où ils seront rendus de nouveau convergents : un morceau de papier tenu au foyer de ce dernier miror montrera le point lumineux comme précédemment (figure 6).

Le son est réfléchi exactement de la même manière, et la flamme sensible, lorsqu'on l'arrange avec soin, peut être employée pour prouver ce fait. Pour ces expériences, il est absolument nécessaire que la flamme soit amenée au degré convenable de sensibilité. En réduisant la pression du gaz, nous pouvons régler la flamme de manière qu'elle ne réponde pas, à moins qu'elle ne soit fortement agitée. La flamme est placée au foyer du miroir (*a*), et lorsque la clochette sonne, si elle n'est pas au foyer conjugué, il n'y a pas d'action. Je la mets maintenant à ce foyer (*b*), et la flamme fait voir une action très-forte.

On avait constaté, depuis longtemps, par d'autres méthodes expérimentales, que le son était réfléchi par des surfaces planes et courbes; mais on n'avait jamais rendu auparavant ces phénomènes visibles. Jusqu'à présent ces effets avaient été étudiés avec le sens de l'ouïe; je puis maintenant les démontrer en faisant appel au témoignage de vos yeux.

PHYSIQUE DU GLOBE.

OBSERVATIONS SUR LE NIAGARA.

Leçon faite par M. le professeur TYNDALL *à l'Institut royal
d'Angleterre, le vendredi 4 avril 1873.*

Un des inconvénients attachés à la lecture de livres ren-
fermant la description de quelque grand spectacle de la nature, est qu'ils remplissent l'esprit de peintures souvent
exagérées, souvent altérées et affaiblies, ou même, quand
elles sont bien faites, fatales à la fraîcheur des premières
impressions. C'est précisément ce qui est arrivé à la plupart
de nous relativement aux chutes du Niagara. Il y avait
très-peu d'exactitude dans les appréciations des premiers
observateurs de la cataracte. Sous l'influence de la stupé-
faction causée par l'aspect d'une puissance si nouvelle et si
grandiose, l'impression reçue a franchi le contrôle du ju-
gement et donné cours à des notions sur la cataracte, qui,
bien souvent, n'ont été qu'une source de désappointements.

La relation d'un voyage accompli en 1535 par un marin
français nommé Jacques Cartier contient, dit-on, la première mention faite du Niagara (1). En 1603, c'est encore

(1) Quelques-uns de ces renseignements ont été empruntés à un intéressant petit livre, qui m'a été présenté à Brooklyn par son auteur,
M. Hally. Quant à MM. Hennepin, Kalm, Backwell, Lyell, Hall, je les ai
consultés moi-même.

un Français, nommé Champlain, qui dresse la première carte de ce pays. En 1648, le jésuite Ragueneau, dans une lettre à son supérieur à Paris, parle du Niagara comme d' « une cataracte d'une hauteur effrayante. » Dans l'hiver de 1678-1679, la cataracte fut visitée par le père Hennepin, qui en a fait la description dans un livre dédié « au roi de la Grande-Bretagne. » Il donne un dessin de la chute qui montre que bien des changements s'y sont produits depuis cette époque. Il la dépeint comme « une grande et prodigieuse chute d'eau qui n'a pas sa pareille dans l'univers. » La hauteur de la chute, suivant Hennepin, était de plus de 600 pieds. « Les eaux, dit-il, qui tombent de ce grand précipice, écument et bouillonnent de la façon la plus étonnante, en produisant un bruit plus terrible que celui du tonnerre. Quand le vent souffle vers le sud, son fracas terrible peut s'entendre à plus de quinze lieues. » Le baron la Hontan, qui visita le Niagara en 1687, lui donne une hauteur de 800 pieds. En 1721, le P. Charlevoix, dans une lettre à Mme de Maintenon, après avoir parlé des exagérations de ses prédécesseurs, résume ainsi le résultat de ses observations : — « Pour ma part, après l'avoir examinée de tous les côtés, je suis incliné à croire que nous ne pouvons guère lui assigner une hauteur inférieure à 140 ou 150 pieds, » — appréciation d'une justesse remarquable. A cette époque, c'est-à-dire il y a un siècle et demi déjà, elle avait la forme d'un fer à cheval, et nous donnerons bientôt les raisons qui font croire que telle a toujours été la forme de la cataracte depuis son origine jusqu'à nos jours.

Quant au bruit de la cataracte, Charlevoix le déclare, les récits de ses prédécesseurs, qui, je puis le dire, n'ont fait que se répéter jusqu'aujourd'hui, sont tout à fait extravagants. Il est parfaitement dans le vrai. Les tonnerres du Niagara sont assez formidables pour ceux qui les ont réellement entendus à la base de la chute portant le nom de Fer-à-cheval; mais sur les bords de la rivière, et particulièrement au-dessus de la chute, ce qui étonne, c'est moins le bruit que le silence. Ceci résulte en partie du manque de résonnance; car toute la contrée environnante est plate, et ne présente nulle part aucune surface répercutante capable de renforcer le bruit du choc de l'eau. La résonnance produite par les rochers du voisinage, au pont du Diable, en Suisse, donne aux eaux de la Reuss un grondement plus formidable que celui du Niagara.

C'est le vendredi 1ᵉʳ novembre 1872, juste avant d'atteindre le village des chutes du Niagara, que j'aperçus pour la première fois, du train du chemin de fer, la fumée de la cataracte. Immédiatement après mon arrivée, je me dirigeai, avec un ami, vers l'extrémité nord de la chute américaine. Il est possible que je me trouvasse alors dans une disposition d'esprit de nature à atténuer l'impression produite par le premier aspect de cette grande cascade ; mais je n'éprouvai aucune espèce de désappointement, sachant bien, d'après une vieille expérience, que les impressions alternatives et graduées de l'esprit et de la nature devaient exercer une puissante influence sur mon appréciation définitive de la scène. Après diner, nous vînmes à l'île de la Chèvre, puis, tournant à droite, nous atteignîmes l'extrémité sud de la chute américaine. La rivière s'y trouve parsemée de petites îles. Je traversai un pont de bois qui conduit à l'île Lema, et là, enlaçant mes bras autour d'un arbre qui s'élève tout contre le bord, je pus contempler la cataracte, qui se précipite dans le gouffre comme une avalanche d'écume. De ce point elle semble croître en puissance et en beauté. Le canal, traversé par le pont de bois, était profond, et la rivière gonflée au-dessus de ses bords, comme la proéminence d'un muscle, n'avait aucune solution de continuité. Le rocher semble suspendu au-dessus, car l'eau vient tomber bien loin du bord du précipice. Un espace appelé la Cave-des-vents se trouve ainsi ménagé entre la muraille rocheuse et la cataracte.

L'île de la Chèvre se termine subitement par un précipice à sec, qui relie entre elles la chute américaine et celle du Fer-à-cheval. Au milieu de cet espace se trouve une cabane en bois, servant de résidence au guide de la Cave-des-vents, et de la cabane descend, jusqu'à la base du précipice, un escalier tournant appelé l'escalier de Biddle. Le soir de mon arrivée, je descendis cet escalier et je me promenai çà et là sur le fond de la falaise. Je pus immédiatement observer un facteur bien connu dans la formation et la retraite de la cataracte. Une couche épaisse de calcaire formait la partie supérieure de la falaise. Cette couche reposait sur un lit de schiste tendre, qui s'étend tout autour de la base de la cataracte. Le violent recul de l'eau contre cette substance peu résistante l'émiette à la longue, mine en dessous le rocher qui la domine, et en détache successivement des fragments qui ont à la fin produit cette sorte de retrait.

A l'extrémité méridionale du Fer-à-cheval est un promontoire, formé par le double dos de la gorge creusée par la cataracte et dans laquelle elle plonge. Sur le promontoire s'élève un bâtiment en pierre, appelé la Tour-Terrapine, dont la porte a été condamnée à cause de la vétusté de l'escalier d'intérieur. Grâce à l'obligeance de M. Townsend, surintendant de l'île de la Chèvre, la porte fut ouverte pour moi. C'est de cette tour qu'à toute heure de la journée et à certaines heures de la nuit, je restais à écouter la chute du Fer-à-cheval. La rivière s'y trouve évidemment beaucoup plus profonde que dans la branche américaine ; et au lieu de se résoudre en flots d'écume en quittant le rocher, elle tombe avec une courbure nettement tracée, et forme une nappe continue du vert le plus vif. La teinte n'est pas uniforme, mais variée; de longues bandes de nuances plus foncées alternent avec d'autres plus claires. Tout contre le récif sur lequel l'eau roule, se trouve un nuage d'écume : les rayons lumineux qui tombent sur lui ou en émergent çà et là, se dispersent en passant du blanc au vert d'émeraude. Il se forme aussi, à intervalles, le long du récif, des amas d'écume superficielle, qui sont immédiatement transformés en longues raies blanches (1). Tout au-dessus la surface, heurtée par la réaction de bas en haut, l'eau sans cesse bouillonne et blanchit. La descente se réduit finalement à un mouvement rhythmé, l'eau atteignant le fond de la chute par une suite de jaillissements périodiques. La fumée n'est pas non plus uniformément diffusée à travers les airs, mais elle y arrive par bouffées assez semblables à des voiles de gaze. De tout ceci il résulte évidemment que la beauté ne manque pas à la chute du Fer-à-cheval, mais qu'elle a pour principal attribut la majesté. Ses eaux se précipitent d'une façon qui n'a rien de sauvage, d'un aspect en quelque sorte délibéré, grandiose et fascinateur. De la Tour-Terrapine on voit le bras adjacent au Fer-à-cheval se projeter contre le bras opposé, à mi-chemin : aussi est-ce à l'imagination que nous laissons le soin de dépeindre le gouffre où se précipite la cataracte.

Il est difficile d'expliquer les jouissances que les scènes de la nature procurent à quelques esprits; et ceux qui ne les ont pas éprouvées seraient mal venus à critiquer les résolutions qu'elles font prendre. La plénitude du célèbre Thomas Young m'induit à croire qu'il était incapable de sentir les beautés de la nature.

(1) La direction du vent, celle du moins relative à la marche d'un vaisseau, peut se déduire exactement des sillons d'écume qu'il trace à la surface de la mer.

Réellement, dit le doyen Peacock, il n'avait pas de goût pour la vie de campagne ; il était de ces gens qui s'imaginent que, quand on a pu vivre à Londres, on ne peut plus se plaire ailleurs. » Certes le Dr Young, aussi bien

je comprends qu'on hésite, quelque séduisants qu'ils soient, à les accepter à l'exclusion de

« Cette surabondance de joie que la nature procure à ses vrais amants. »

Tous ceux qui partagent ces sentiments comprendront le

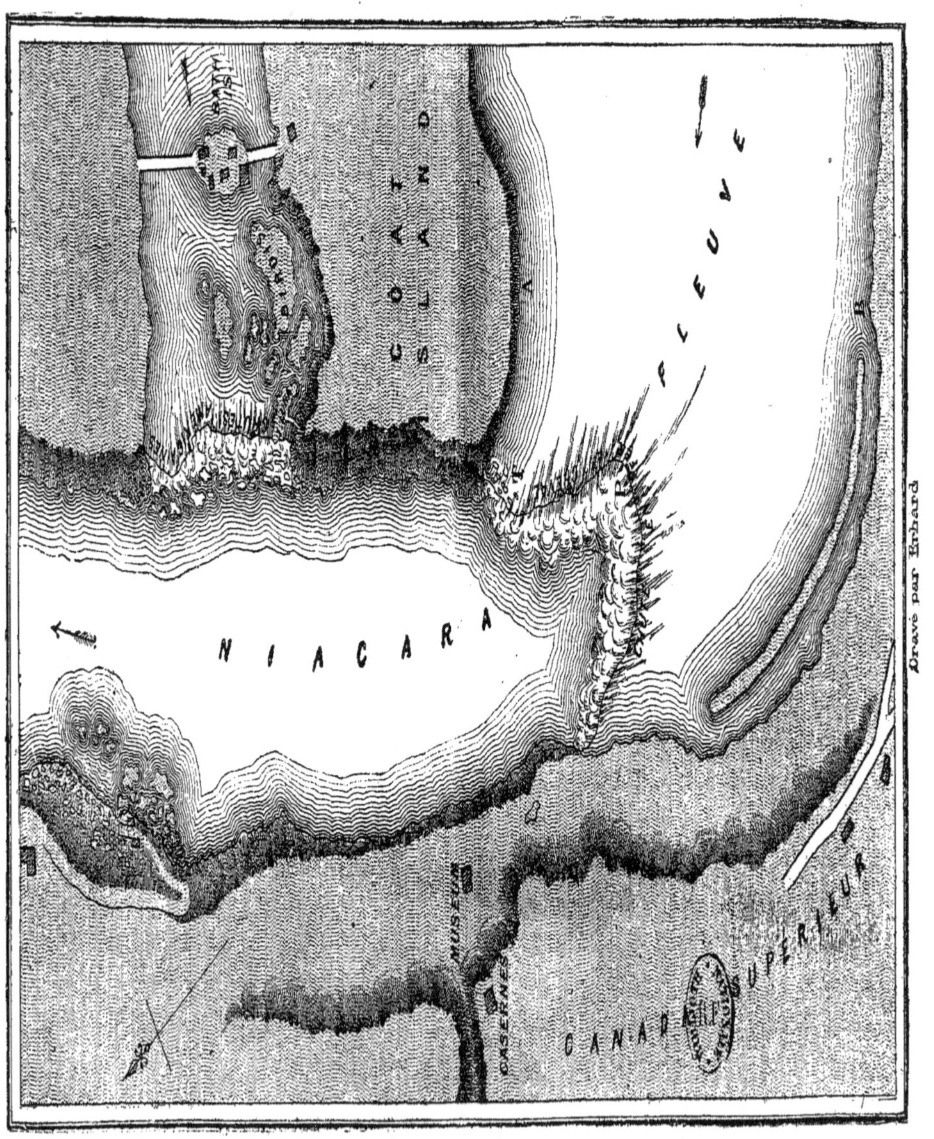

que le Dr Johnson, ont droit à goûter ces plaisirs ; mais

violent désir que j'éprouvais de voir et de connaître les

chutes du Niagara, autant qu'il est possible de les voir et de les connaître.

Dès le premier soir de ma visite, je rencontrai en haut de l'escalier de Biddle le guide de la Cave-des-vents. C'était un homme dans la fleur de l'âge, grand, bien bâti, solide, avec un sourire et un regard très-agréables. L'intérêt que je prenais à cette scène éveilla le sien et le rendit communicatif. Prenant une photographie, il me décrivit sur elle le détail d'une tentative qu'il avait accomplie quelque temps auparavant, et qui l'avait conduit presque sous l'eau verte de la chute du Fer-à-cheval. « Pouvez-vous m'y conduire demain ? » lui demandai-je. Il jeta sur moi un regard inquisiteur, calculant peut-être les chances qu'avait un homme d'une si frêle encolure et à la barbe déjà grisonnante, de réussir dans une pareille entreprise. « Je désirerais, — ajoutai-je, — voir tout ce qu'il est possible de la chute, et partout où vous me conduirez, j'essayerai de vous suivre. » Son examen se résolut en un sourire, et il me dit : « Très-bien ; je serai à vos ordres dès demain. »

Le lendemain donc j'allai le trouver. Dans la hutte située en haut de l'escalier de Biddle, je me déshabillai complétement, et me rhabillai selon les instructions du guide : — deux pantalons de laine, trois jaquettes de laine, deux paires de chaussettes et une paire de souliers de feutre composaient mon accoutrement, qui, au dire de mon guide, devait me préserver, sinon de l'humidité, au moins du froid, et il raisonnait juste. Le tout était recou vert d'un pardessus, avec capuchon, de toile cirée : le jeune compagnon du guide prît les précautions les plus louables pour empêcher l'eau d'y entrer ; mais quand on en venait à l'expérience, rien ne réussissait.

Nous descendîmes l'escalier ; le manche d'une fourche remplissait entre mes mains l'office d'un bâton alpestre.

En bas, mon guide demanda si je voulais aller d'abord à la Cave-des-vents ou au Fer-à-cheval, en me faisant remarquer que cette dernière chute nous offrirait le plus de difficultés. Je me décidai à tenter tout d'abord les passages les plus difficiles, et il se dirigea vers la gauche, de pierre en pierre. Elles étaient pointues et pénibles à franchir. La base de la première partie de la cataracte est couverte d'énormes cailloux, qui sont probablement les fragments détachés de la roche calcaire qui surplombe. L'eau ne s'y distribue pas d'une manière uniforme ; elle se pratique des canaux par lesquels elle s'échappe en torrents. Nous en passâmes quelques-uns, sans autre difficulté que d'avoir les pieds mouillés. A la longue, nous parvînmes sur le bord d'un courant plus formidable. Mon guide le longea quelque temps, jusqu'à ce qu'il eût trouvé l'endroit le moins dangereux. Puis, s'arrêtant, il me dit : « C'est ici le passage le plus difficile ; si nous parvenons à le traverser, nous irons loin autour du Fer-à-cheval. »

Il entra. Évidemment, il lui fallait employer toute sa force pour se maintenir. L'eau lui venait jusqu'aux reins, et l'écume bien plus haut. Il lui fallait assurer son pied sur des pierres qu'il ne pouvait voir, et contre lesquelles le torrent se précipitait avec impétuosité. Il faisait de violents efforts, le corps incliné en avant ; mais il réussit, et finalement il put atteindre l'eau moins profonde du bord opposé. Étendant alors le bras : « A votre tour, » me dit-il. Je jetai un coup d'œil sur le torrent : il se précipitait vers la rivière qui bouillonnait au-dessous avec le tumulte de la cataracte. De Saussure recommandait de bien examiner les passages dangereux dans les Alpes, afin d'y familiariser l'œil avant de les aborder. C'est d'ailleurs un usage prudent, dans toutes les circonstances critiques, de se mettre clairement devant l'esprit la possibilité d'un accident, et de décider à l'avance ce qu'il conviendra de faire dans le cas où viendra à se réaliser cette fâcheuse éventualité. Ainsi préparé pour la circonstance présente, j'entrai dans l'eau. Le courant était d'une force considérable, même dans les endroits où je n'en avais que jusqu'aux genoux. Quand elle vint à s'élever autour de moi, je cherchai à fendre le torrent en m'avançant de côté ; mais la difficulté d'assurer le pied lui donna prise contre mes reins, de sorte que je me vis entraîné à faire un demi-tour, et à recevoir sur le dos toute la violence du courant. Dans cette position, faire de nouveaux efforts était impossible ; et sentant que j'avais perdu complétement l'équilibre, je me retournai, me laissai aller vers le bord que je venais de quitter, et en moins d'un instant je me retrouvai dans une eau plus basse.

Le pardessus de toile cirée était un grand embarras : il avait été fait pour un homme beaucoup plus fort que moi, et, quand je me tenais droit après ma submersion, mes jambes occupaient les centres de deux sacs d'eau. Mon guide m'invita à tenter un nouvel effort. La prudence était à mes côtés, m'engageant à n'en rien faire ; mais, toute réflexion faite, je trouvai qu'il y avait plus de honte à reculer qu'à marcher en avant. Instruit par ma première mésaventure, je pénétrai de nouveau dans le courant. Si mon bâton alpestre avait été de fer, il aurait pu m'être de quelque utilité ; mais, tel qu'il était, la tendance de l'eau à me l'arracher des mains le rendait plus nuisible qu'utile. Je m'y cramponnai néanmoins par habitude. De nouveau le torrent s'éleva, de nouveau je chancelai ; mais en maintenant contre lui le flanc gauche, je restai debout, et à la fin je parvins à saisir la main que me tendait mon guide de l'autre côté. Il riait et plaisantait. La première victoire était remportée, et il s'en réjouissait. « Aucun voyageur, me dit-il, n'est encore venu jusqu'ici. » Bientôt après, en me hasardant sur un morceau de bois flottant, mais qui me semblait ferme, je perdis pied, mais je me retins immédiatement à une saillie du rocher.

Nous grimpâmes sur les pierres jusqu'au plus épais du flot d'écume, qui devint assez puissant pour nous faire chanceler sous son choc. La plupart du temps, on ne pouvait rien voir ; nous étions au milieu d'un effroyable tumulte, fouettés par l'eau, qui retentissait parfois comme le claquement d'innombrables coups de fouets. En dessous retentissait profondément le mugissement de la cataracte. J'essayai d'abriter mes yeux avec mes mains et de regarder en haut ; mais la protection était inutile. Mon guide continuait de marcher en avant ; arrivé à un certain endroit il fit halte, et m'invita à m'abriter au-dessous de lui et à observer la cataracte. Le flot d'écume provenait moins du rocher supérieur que du rebondissement de l'eau après s'être brisée contre le fond. De sorte qu'il était possible de protéger les yeux contre le choc aveuglant de l'écume, et que la ligne visuelle dans la direction des rochers supérieurs conservait un certain degré de clarté. En regardant en haut par-dessus l'épaule du guide, je pus voir la voûte d'eau au-dessus du rocher, ainsi que la Tour-Terrapine, qui semblait chanceler au milieu du miroitement des jets intermittents de l'écume. Nous étions juste au-dessous de la tour. Un peu plus loin, la cataracte, après une première chute, heurte une protubérance située plus bas, et de là s'élance en flots énormes d'écume qui nous firent chanceler. Nous tournâmes le promontoire sur lequel s'élève la Tour-Terrapine, et nous poussâmes, au milieu des commotions les plus violentes, le long du bras du Fer-à-cheval, jusqu'à ce que les pierres vinssent à nous manquer, au point où la cataracte tombe dans la gorge profonde de la rivière du Niagara.

Ici mon guide m'abrita de nouveau, et m'invita à regarder en haut. J'obéis, et je pus voir, comme précédemment, le rayonnement vert de la voûte puissante qui passe rapidement sur les rochers supérieurs, et la chute tourmentée de l'eau, à mesure que s'amoncelle et disparaît alternativement le nuage d'écume qui nous en sépare. Un de mes grands amis me parle souvent de l'erreur de ces médecins qui regardent les indispositions de l'homme comme purement chimiques, et qui n'y opposent que des remèdes empruntés à la chimie. Il est partisan déclaré de la cure par des moyens psychologiques. Par des émotions agréables, dit-il, il se dégage des courants nerveux qui stimulent le sang, le cerveau et les entrailles. Les effluves émanés des yeux des dames faisaient parfaitement digérer à mon ami des plats qui l'auraient tué, s'il avait dû les manger tout seul. C'est un effet salutaire de même ordre que je ressentis au milieu des flocons écumeux et du tonnerre du Niagara. Vivifié par les émotions qui s'y produisaient, le sang circulait plus vivement à travers les artères; il n'y avait place pour aucune arrière-pensée, pour aucune amertume du cœur; on se prenait à ressentir, sinon de la tendresse, au moins de l'indulgence pour les ennemis les plus impitoyables et les plus acharnés. Indépendamment de sa valeur scientifique, et seulement comme agent moral, le jeu vaut bien la chandelle, à mon avis. Mon compagnon ne me connaissait nullement; mais il voyait quelles jouissances me faisait goûter l'aspect de cette beauté sauvage; et au moment où je m'abritais derrière sa large carrure, il me dit : « J'aimerais vous voir essayer de décrire ceci. » Il avait raison de penser que ce spectacle était indescriptible. Ce brave garçon se nommait Thomas Conroy.

Nous revînmes, grimpant de temps en temps çà et là, afin de saisir les parties les plus émouvantes de la cataracte. Nous passâmes sous des saillies formées par des masses de calcaire en forme de tables, et à travers quelques curieuses oùvertures formées par la chute simultanée des sommets des rochers. A la fin, nous nous retrouvâmes à côté de notre ennemi du matin. Mon guide fit halte une ou deux minutes, examinant le torrent d'un air profondément pensif. Je lui dis qu'en sa qualité de guide, il aurait dù tendre un câble en cet endroit. Mais il me répondit que, comme jusqu'alors aucun voyageur n'avait eu l'idée de venir jusque-là, il n'avait pas vu la nécessité d'y disposer un câble. Il y entra. Évidemment, il n'avait pas trop de tous ses efforts pour se maintenir droit : de temps en temps il s'arrêtait pour reprendre des forces. A la fin, il glissa, lâcha pied, fit comme moi, se jeta à plat dans l'eau, vers le bord, et fut emporté sur les hauts-fonds. Se redressant dans le courant près de la rive, il étendit le bras de mon côté. J'avais conservé le manche de fourche, qui m'avait été utile au milieu des galets. En m'avançant quelque peu dans le torrent, je pouvais lui faire parvenir le bâton, et je lui proposai de le saisir. « Si vous êtes sûr, me dit-il, de pouvoir, dans le cas où vous perdriez pied, ne pas lâcher prise, je suis certain de vous maintenir. » J'entrai donc, et je tendis le bâton à mon compagnon. Chacun de nous le tenait fortement serré. Grâce à cette aide, et malgré l'impétuosité du courant, je pus traverser le torrent sain et sauf. Tout danger était passé. Nous nous avançâmes ensuite de compagnie parmi les torrents et les pierres au-dessous de la Caverne-des-vents. Les rochers étaient couverts de limon organique, sur lequel on n'aurait pas pu marcher pieds nus; mais les chaussures de feutre que nous avions eu soin de prendre nous empêchèrent de glisser. Nous atteignîmes la caverne, et nous y entrâmes d'abord par un petit sentier boisé pratiqué sur les cailloux, et ensuite le long d'un étroit rebord, jusqu'au point le plus profondément creusé dans l'argile schisteuse. « Quand le vent vient du sud, on peut, me dit-il, de cet endroit, voir tranquillement tomber l'eau. » Mais à ce moment, une bourrasque d'écume nous aveuglait en tourbillonnant contre nous. Le soir du même jour, j'allai revoir la chute du côté du Canada, et je dois avouer qu'après les épreuves du matin, elle me fit l'effet d'une déception.

Cette chute produit encore sur certaines personnes une surexcitation nerveuse. Voici la vive description, faite par M. Bakenwell jeune, de l'impression qu'elle a produite sur lui-même : — « Au détour d'un angle aigu du rocher, une bouffée de vent vint subitement nous frapper, venant de l'excavation entre les chutes et le rocher : elle nous fouetta directement le visage d'un flot d'écume, avec tant de force qu'en un instant nous fûmes complétement mouillés. Quand nous vînmes au milieu de cette espèce de douche, la violence de la secousse me coupait la respiration ; je dus tourner le dos et grimper sur les pierres éparses pour échapper au choc. Le guide me suivit bientôt, et me dit que j'avais traversé le plus mauvais passage. Sur cette assurance, je fis une seconde tentative ; mais mon esprit était si troublé et si en désordre, qu'après avoir fait la moitié du chemin, je ne pus aller plus loin (1). »

Pour compléter ma connaissance de la chute de la rivière, il était nécessaire de la voir d'au-dessous, et il fallut longtemps négocier pour en assurer les voies et moyens. L'unique embarcation propre à cette entreprise, avait été remisée pour passer l'hiver ; mais cette difficulté fut aplanie grâce à l'aimable intervention de M. Townsend. L'important était de s'assurer des rameurs suffisamment forts et habiles pour pousser le bateau aussi loin que je voudrais. Le fils du propriétaire de la barque, jeune gail-

(1) *Magazin.* Hist. nat. 1830, pages 121 et 122.

lard bien découplé, mais n'ayant que vingt ans, et par conséquent trop peu endurci à la fatigue, voulait nous accompagner. Mais j'appris qu'en remontant la rivière, on trouvait un autre homme capable de faire avec une barque tout ce que la force et l'audace pouvaient accomplir. Il vint. Sa figure et l'expression de sa physionomie révélaient assurément une fermeté et une vigueur extraordinaires. Le mardi 5 novembre, nous partîmes, chacun de nous protégé par un manteau de caoutchouc. Le plus âgé des deux rameurs prit dès l'abord un ton d'autorité sur son compagnon, et nous poussa immédiatement au milieu des brisants situés au-dessous de la chute américaine. Il coupait les courants en travers au lieu de nager en pleine eau calme. Je lui en de mandai la raison, et il me répondit que le courant était dirigé en amont et non pas en aval. Toutefois, il leur fallait souvent déployer les plus grands efforts pour maintenir l'avant contre la violence du flot.

Le flot d'écume nous aveuglait généralement; mais parfois il venait à cesser, ce qui nous procurait des vues splendides de la chute. Le bord de la cataracte est garni de dentelures qui en rehaussent la beauté. Çà et là, un peu au-dessous du bord le plus relevé, jaillit un bord secondaire; l'eau vient le frapper, et en rejaillit très-haut en énormes masses de flocons écumeux. Après avoir dépassé l'île des Chèvres, nous arrivâmes au Fer-à-cheval, dont nous longeâmes quelque temps la base : les pierres sur lesquelles nous avions grimpé avec Conroy, quelques jours auparavant, se trouvaient alors entre nous et la base. Devant nous se trouvait un rocher, tour à tour caché et découvert par le passage des vagues. Notre pilote essaya de gagner le dessous de ce rocher, d'abord par dehors. Mais l'eau s'y trouvait dans une agitation violente. Les rameurs rivalisaient d'énergie, le plus âgé ne cessant de la voix d'exciter et d'encourager le plus jeune. Juste au moment où ils doublaient le rocher, l'avant vint à couper obliquement le flot; tout aussitôt la barque tourna et fut entraînée avec une rapidité extraordinaire. Les hommes revinrent à la charge, essayant cette fois de passer entre le rocher à demi caché et les pierres à gauche. Mais le torrent s'élançait impétueusement à travers ce canal. Malgré les efforts énergiques des rameurs, nous n'avancions guère. A la fin, s'armant d'un câble, notre chef d'équipe fit un effort désespéré pour saisir une des pierres, espérant pouvoir ainsi remorquer la barque à travers le canal; mais elle heurta si violemment le rocher, que le rameur se vit contraint de reculer et de renoncer à son dessein.

Nous retournâmes à la base de la chute américaine, circulant au milieu des courants qui en jaillissaient latéralement dans la rivière. Vue d'en dessous de la chute américaine, la cataracte est certainement d'une exquise beauté; mais ce n'est jamais qu'un faible appendice de son splendide voisin, le Fer-à-cheval. Parfois, nous nous dirigeâmes vers la rivière, du centre de laquelle la chute du Fer-à-cheval se montre surtout dans toute sa beauté grandiose. Un cordon de nuages autour du col du mont Blanc peut en doubler la hauteur apparente; c'est ainsi que le vert sommet de la cataracte, brillant au-dessus des vapeurs écumeuses, paraissait atteindre une élévation extraordinaire. Si Hennepin et la Hontan avaient pu voir la chute de cette position, leurs appréciations de la hauteur auraient été parfaitement excusables.

En un certain point, un peu au-dessus de la chute américaine, un bac sert en été à traverser la rivière jusqu'à la rive canadienne. Au-dessous du bac est un pont suspendu pour les voitures et les piétons, et, à un mille ou deux plus bas, se trouve le pont suspendu du chemin de fer. Entre le bac et ce dernier pont, le Niagara coule paisiblement; mais, à partir du pont suspendu, le lit se rétrécit, et la rivière précipite son cours. Plus bas encore, la gorge se resserre, d'où résulte un nouvel accroissement de la rapidité et de la turbulence des eaux. A l'endroit qui porte le nom de : « Tourbillons-Rapides, » j'estimai à 300 pieds la largeur de la rivière, et les habitants du lieu confirmèrent mon estime. Quand on se rappelle que ce sont presque toutes les eaux de la moitié d'un continent qui sont resserrées dans cet étroit espace, on peut s'imaginer l'impétuosité avec laquelle se précipite le courant de la rivière à travers cette gorge. N'était M. Bierstädt, l'habile photographe du Niagara, j'aurais quitté la place sans voir ces rapides. J'ai donc à l'en remercier, ainsi que de son agréable compagnie en cet endroit. Du bord de la falaise, au-dessus des rapides, nous descendîmes un peu, je dois l'avouer, à la honte d'un grimpeur, dans un « ascenseur, » parce que les effets sont mieux vus du niveau de l'eau.

Là se font ressentir deux sortes de mouvements, un mouvement de translation et un mouvement d'ondulation : le courant de la rivière au travers de cette gorge, et les grandes vagues engendrées par sa collision et son rebondissement contre les obstacles qu'elle rencontre sur son passage. — Au milieu de la rivière, l'impétuosité et l'agitation du flot sont de la dernière violence; en tout cas, c'est là que se déploie, de la manière la plus frappante, la force impétueuse des vagues individuelles. D'énormes masses pyramidales jaillissent incessamment du rivage; quelques-unes, avec tant de force, qu'elles agitent leurs sommets dans l'air, où elles restent suspendues comme de vastes amas de globules liquides. Le soleil brilla pendant quelques minutes. A certain moment le vent, venant à remonter la rivière, se fit jour tout au travers du flot d'écume, emportant les gouttes les plus légères, et laissant derrière les plus lourdes : d'où résultaient, en mainte direction, nombre d'arcs-en-ciel, apparaissant et disparaissant en miroitant dans les parties les moins épaisses de ce rideau de vapeurs. Sur d'autres points, les rayons ordinaires du soleil, reflétés par les flots et par les mille et une déchirures de leurs cimes, offraient un spectacle d'une merveilleuse beauté. La complexité des réactions se montrait mieux encore par la circonstance particulière que, dans quelques cas, comme sous l'action d'une force locale d'explosion, les gouttes étaient projetées d'un centre particulier, et formaient tout autour comme une sorte de halo.

La première impression, et en même temps l'explication ordinaire de ces rapides, c'est que le lit central de la rivière est encombré de vastes fragments de rochers, et que l'agitation, le tournoiement et la furieuse effervescence de l'eau résulte de sa collision contre ces obstacles. Je suspecte, toutefois, l'exactitude de cette explication. En tout cas, il existe une autre raison suffisante pour être prise en considération. De grosses pierres, détachées des falaises adjacentes, encombrent visiblement les deux côtés de la rivière. L'eau, en se précipitant contre elles, et en retombant d'une manière rhythmique mais violente, détermine la production de grosses vagues. Dans la génération de chacune de ces vagues, il se manifeste immédiatement une composition du mouvement de la vague avec le mouvement de la rivière. Les sillons qui, dans une eau tranquille, devraient s'élargir en courbes circulaires autour du centre de perturbation, croisent obliquement la rivière, ce qui produit au centre un conflit de vagues réellement engendrées sur les deux côtés. Dans le premier cas, nous avions une composition du mouvement de la vague avec le mouvement de la rivière; ici, nous avons l'entre-choquement de vagues contre des vagues. Quand la cime et le sillon se croisent, le mouvement est annulé ; quand ce sont les sillons qui se rencontrent, la rivière se trouve plus profondément labourée ; mais quand ce sont les cimes qui se rencontrent et se viennent mutuellement en aide, nous voyons cette étonnante collision qui brise la cohésion des cimes, les lance et les secoue dans les airs. Du niveau de l'eau, la cause de ces réactions n'est pas facile à voir ; mais, du sommet de la falaise, on distingue parfaitement bien la génération latérale des vagues et leur propagation vers le centre. Si cette explication est exacte, les phénomènes observés aux *Tourbillons-Rapides* sont un des plus magnifiques exemples d'*interférence*. D'après les renseignements de M. Huxley, la *cataracte* du Nil présente aussi des exemples de la même action.

A quelque distance au-dessous des *Tourbillons-Rapides*, nous rencontrons le fameux *Tourbillon* lui-même. En ce point, la rivière s'infléchit brusquement vers le nord-est, formant presque un angle droit avec sa direction primitive. L'eau vient frapper avec une grande force la concavité du bord, qu'elle creuse et mine sans cesse. Il s'est ainsi formé un vaste bassin, où le cours de la rivière se prolonge en courants circulaires. Là on voit tourbillonner des journées entières, sans pouvoir trouver une issue, des corps et des arbres entraînés par les chutes. C'est un spectacle curieux à voir des divers points de la falaise située au-dessus. On distingue très-bien l'impétuosité du cours de la rivière au sein du tourbillon ; mais tout en croyant bien que sa sortie doit être visible, impossible de la trouver, si toutefois il en existe une. Mais, en faisant le tour du précipice dans la direction du nord-est, on a sous les yeux le débouché des eaux.

La saison du Niagara était terminée ; la foule bavarde des amateurs de points de vue avait cessé, et la scène s'offrait à nos regards dans toute la majesté sainte de la solitude et de la beauté. Je descendis sur le bord de la rivière, au point précisément où semblait plus grande encore cette solitude solennelle. Le bassin se trouve resserré entre des bords élevés et presque à pic, couverts à ce moment de bois d'une teinte rouge brun. Une sorte de mystère s'attache au tourbillonnement de l'eau, dû peut-être au fait que nous sommes, jusqu'à un certain point, ignorants de la direction de sa force. On dit que plusieurs endroits du tourbillon ont aspiré jusqu'à des pins tout entiers, qui seraient mystérieusement rejetés quelque part. L'eau est du plus brillant vert-émeraude. La gorge à travers laquelle elle s'échappe est étroite, et le mouvement de la rivière rapide quoique silencieux. La surface s'incline en pente roide, mais sans aucune solution de continuité. Il n'y a pas là des vagues latérales, ni de bouillonnements aux bulles crevant à la surface, pour faire entendre même un murmure; en même temps, la profondeur est trop grande pour que les inégalités du lit puissent produire des rides à la surface. Rien de plus beau que le glissement de ce miroir liquide formé par le Niagara au sortir du Tourbillon.

J'ai donné exactement, je crois, la raison de la couleur verte dans l'ouvrage intitulé : « Heures de promenades dans les Alpes. » En traversant l'Atlantique, j'ai souvent eu l'occasion de vérifier l'explication qui y est présentée. A tout bien considérer, il y a des parties de l'Océan où nous aurions bien de la peine à trouver une trace de bleu ; à peine si une nuance d'indigo vient frapper l'œil. C'est que l'eau est pratiquement *noire* ; et ce caractère est une indication à la fois de sa profondeur et de l'absence de toute matière hétérogène tenue mécaniquement en suspension. Sous une faible épaisseur, l'eau est sensiblement transparente à toutes les sortes de lumière; mais, à mesure que s'accroît l'épaisseur de la couche, les rayons de faible réfrangibilité sont absorbés tout d'abord, et, après eux, les autres rayons. Aussi, là où se trouve une eau très-pure et très-profonde, *toutes* les couleurs sont absorbées, et une pareille eau doit paraître noire, puisque l'œil n'en reçoit aucune lumière. Et comme c'est l'océan Atlantique qui se rapproche le plus de cette condition, c'est une preuve de son extrême pureté.

Jetez un caillou blanc dans une eau de ce genre ; à mesure qu'il enfonce, il devient de plus en plus vert, et, avant de disparaître, il atteint un vert bleu très-vif. Brisez ce caillou en morceaux ; chacun d'eux se comportera tout comme la masse avant sa rupture. Broyez le caillou en poussière ; chaque grain fournira son petit contingent de vert ; et si les particules sont assez fines pour rester en suspension dans l'eau, la lumière disséminée sera uniformément verte. C'est de là que provient la teinte verte de l'eau qui recouvre les bancs de sable. Vous allez vous coucher, alors que vous naviguez au travers de l'immense plaine noire de l'Atlantique. Le matin, en vous éveillant, vous la trouvez d'un vert très-vif ; et vous avez raison d'en déduire que vous traversez le banc de Terre-Neuve. Cette eau se trouve chargée de matière très-fine, à l'état de suspension mécanique. La lumière émise par le fond peut quelquefois y contribuer, mais ce n'est pas nécessaire. Un orage peut rendre l'eau trouble par le grossissement et la multiplication des particules. C'est le cas qui précisément s'est présenté vers la fin de ma visite au Niagara.

Il y avait eu de la pluie et de l'orage dans les régions des lacs supérieurs, et la quantité de matière en suspension que ces causes y avaient amenée, éteignait complétement le vert fascinateur du Fer-à-cheval.

Rien de plus superbe que le vert des flots de l'Atlantique quand les circonstances sont favorables au développement de la couleur. Tant que la vague reste sans se briser, il ne paraît aucune couleur; mais quand la cime se couvre d'écume, ayant la forme de ces corniches de neige qu'on remarque dans les Alpes, nous voyons souvent sous la voûte s'étaler les nuances du vert le plus exquis, avec des reflets tout métalliques. Mais l'écume est nécessaire pour sa production. L'écume est la première illuminée, et elle disperse sa lumière dans toutes les directions; la lumière qui traverse la partie la plus élevée de la vague est la seule qui parvienne à l'œil, et qui donne à cette partie son incomparable coloris. Les replis de la vague, produisant une série de protubérances longitudinales et de sillons qui agissent comme des lentilles cylindriques, introduisent des variations dans l'intensité de la lumière et en rehaussent matériellement la beauté.

Nous avons maintenant à considérer l'origine et la destinée prochaine des chutes du Niagara. Nous pouvons aborder ce sujet par quelques remarques préliminaires sur l'érosion. Le temps et l'intensité sont les facteurs principaux du changement géologique, et ils sont jusqu'à un certain point convertibles. Une faible force agissant pendant de longues périodes, et une force intense agissant pendant un court espace de temps, peuvent produire approximativement les mêmes résultats. Je suis redevable au Dr Hooker de quelques échantillons de pierres, dont les premières ont été recueillies par M. Hackworth, sur les côtes de la baie de Lyell, près Wellington, dans la Nouvelle-Zélande, et décrites par M. Travers dans les travaux de l'Institut de la Nouvelle-Zélande. Si vous n'en connaissiez pas l'origine, vous en attribueriez certainement la forme au travail de l'homme. Elles ressemblent à des couteaux de silex et à

des têtes de lance, apparemment ciselés en facettes avec
une aussi exacte observation des lois de la symétrie que
s'ils eussent subi l'action d'un outil guidé par l'intelligence humaine. Mais nul instrument de l'homme n'a
été appelé à agir sur ces pierres. Elles ont reçu leur
forme actuelle des sables agités par le vent de la baie de
Lyell. Deux vents y dominent, qui poussent alternativement le sable contre les côtés opposés des cailloux ;
chaque petite particule de sable détache son morceau
infinitésimal de pierre, et finit par sculpter ces formes
singulières (1).

Le Sphinx d'Égypte est presque recouvert par le sable
du désert. Le cou du Sphinx se trouve partiellement
coupé, non pas, comme me l'assurait M. Huxley, par les
intempéries ordinaires, mais par l'action érosive du sable
fin soufflé contre lui. Dans ces cas, la nature nous four-
nit des indications dont on peut tirer parti dans l'in-

(1) « Ces pierres, qui ont une étrange ressemblance avec des œuvres
de l'art humain, se rencontrent en grande abondance, et sous diverses
proportions, depuis un demi-pouce jusqu'à plusieurs pouces de longueur.
On nous en présenta un grand nombre, de formes variées, telles que
celles de coins, de couteaux, de têtes de flèches, etc., et toutes avec des
bords tranchants.

« M. Travers expliqua que, malgré leur apparence artificielle, ces
pierres étaient formées par l'action érosive du sable chassé par le vent,
par une sorte de mouvement de va-et-vient, sur un banc de cailloux
exposé à cette action. Il donna un court exposé de la manière dont se produisent les variétés de forme, en indiquant, comme points de comparaison,
l'effet que l'action érosive ainsi indiquée aurait sur le chemin de fer et sur
d'autres travaux exécutés sur des voies sablonneuses.

« Le Dr Hector établit que bien que, comme groupe, les échantillons
étalés sur la table ne pouvaient être pris pour des productions artificielles,
les formes néanmoins sont si singulières, et les bords, chez quelques-uns
d'entre eux, sont si parfaits, que si on les rencontrait associés avec des
ouvrages humains, on ne manquerait pas de les ranger dans la période
appelée « période de pierre. » (*Extrait des minutes de la Société philosophique de Wellington, 9 février 1869.*)

4.

dustrie ; et cette action du sable a reçu tout dernièrement aux États-Unis une application bien extraordinaire. Pendant mon séjour à Boston, M. Josiah Quincey me fit voir l'action du *soufflet à sable (sand blast)*. Une sorte de trémie, contenant du sable siliceux très-fin, était en communication avec un réservoir d'air comprimé, dont la pression pouvait varier à volonté. La trémie se terminait par une longue rainure, par où se faisait l'insufflation du sable. Au dessous de cette rainure on adapta une plaque de verre, que l'on fit passer lentement par-dessous. Elle en fut retirée parfaitement dépolie, avec une faible teinte opale brillante, absolument comme aurait pu le produire le passage à la meule. Chaque petit grain de sable agissait contre le verre, avec toute son énergie concentrée sur le point de collision, et y formait un petit creux : toute la surface dépolie consistait en d'innombrables petits creux de ce genre. Mais ce n'était pas tout. En protégeant certaines parties de la surface, et en laissant les autres à découvert, on pouvait arriver à graver sur verre des figures et des dessins de toute sorte. On pouvait ainsi copier les figures de pièces de fer à jour ; de même aussi une toile métallique, placée sur le verre, y produisait un dessin réticulé. Mais il n'était pas nécessaire, pour protéger le verre, d'employer une substance aussi résistante que le métal. On pouvait reproduire ainsi les dessins de la plus fine dentelle, les délicats filaments de la dentelle elle-même offrant une protection suffisante. Tous ces effets ont été obtenus avec un simple modèle du soufflet à sable, construit pour moi par mon assistant. Une fraction de minute suffit pour graver sur verre un riche et beau dessin de dentelle. Toute substance élastique peut servir à protéger le verre. En déterminant une diffusion du choc du grain de sable, ces sortes de substances détruisent pratiquement le pouvoir local d'érosion. La main peut supporter sans inconvénient une projection de sable qui pulvériserait du verre. Des gravures sur verre exécutées avec des sortes d'encres appropriées, sont très-exactement reproduites par le soufflet à sable. En fait, dans de certaines limites, plus la surface est dure, plus grande est la concentration du choc, et plus puissante est l'érosion. Il n'est pas nécessaire que le sable soit la plus dure des deux substances; le corindon, par exemple, est beaucoup plus dur que le quartz, et cependant du sable de quartz peut non-seulement dépolir, mais même trouer une plaque de corindon. Le verre peut être aussi dépoli par le choc de grains de plomb très-fins ou cendrée; ces grains, dans ce cas, attaquent le verre avant d'avoir eu le temps de s'aplatir et de transformer leur énergie en chaleur.

Et ici nous pouvons relier en passant l'un à l'autre deux faits sans aucune relation apparente. Supposons que vous tourniez, à la partie inférieure d'une maison, un robinet alimenté par un tuyau sortant d'une citerne située tout en haut de la maison; la colonne d'eau, depuis la citerne jusqu'en bas, se trouve mise en mouvement. En tournant le robinet, le mouvement est arrêté; et si cette manœuvre s'opère très-vite, le tuyau, s'il n'est pas fort, peut être brisé par le choc intérieur de l'eau. Mais si vous mettez une demi-seconde de temps à tourner le robinet, on peut éviter complétement le choc, ainsi que tout danger de rupture du tuyau. Voilà un exemple de concentration de force dans le *temps*. Le soufflet à sable en est un de concentration de force dans l'*espace*. L'action réciproque du silex et de l'acier est une mise en évidence du même principe. La chaleur requise pour produire l'étincelle est intense, et une action mécanique modérée doit, pour produire du feu, se trouver au plus haut degré de concentration. Cette concentration s'opère par le choc de substances dures. Le spath calcaire ne pourra pas remplacer le silex, ni le plomb tenir lieu de l'acier dans la production du feu par le choc. Avec les substances plus tendres, la chaleur *totale* produite peut être plus grande qu'avec les dures, mais pour produire l'étincelle, la chaleur doit être intensivement *localisée*.

Mais nous voici bien loin du simple dépolissage du verre. J'ai déjà dit que le sable de quartz peut pratiquer un trou à travers le corindon. Ceci m'amène à exprimer mes remercîments au général Tilghman (1), l'inventeur du soufflet à sable. C'est à sa bienveillance toute spontanée que je dois quelques belles expériences de son procédé. Sur une plaque épaisse de verre, une figure a été gravée à la profondeur de 3/8 de pouce. Une seconde plaque de 7/8 de pouce d'épaisseur a été entièrement perforée. Sur une plaque circulaire de marbre, de presque un demi-pouce d'épaisseur, on est parvenu à pratiquer un ouvrage à jour de la forme la plus difficile et la plus compliquée. Il aurait fallu plusieurs jours au moins pour y arriver par les procédés ordinaires ; avec le soufflet à sable, ce fut l'affaire d'une heure. Telle est la force de cet appareil, telle est en même temps sa délicatesse, qu'il arrive à graver au trait sur verre avec un fini admirable (2).

Ce pouvoir d'érosion, si énergiquement déployé quand

(1) Le pouvoir d'absorption, si je puis me servir de cette expression, exercé par les arts industriels aux États-Unis, trouve une confirmation puissante dans le rapide passage de personnages, comme M. Tilghman, de la vie de soldat à la vie civile. Le général Mac-Cellan, aujourd'hui ingénieur civil, que j'ai eu l'honneur de rencontrer souvent à New-York, est un très-remarquable exemple du même genre. A la fin de la guerre, assurément, un million et demi d'hommes passèrent ainsi, avec une rapidité merveilleuse, de la vie militaire à la vie civile. Il est naturel qu'une nation qui a de pareilles tendances ne puisse pas désirer la guerre.

(2) Le soufflet à sable fonctionnera cette année à l'Exposition internationale de Kensington.

le sable est poussé par l'air, nous fait mieux concevoir son action quand il est poussé par l'eau. La puissance érosive d'une rivière est considérablement accrue par la matière solide qu'elle entraîne avec elle. Du sable ou des cailloux entraînés dans un tourbillon de rivière, peuvent détruire la roche la plus dure, et produire ainsi des puits cylindriques profonds. On peut voir un exemple extraordinaire de ce genre d'érosion dans le val Tournanche, au-dessus du village de ce nom. C'est ainsi qu'a été découpée la gorge de Handeck. Jadis de pareilles chutes d'eau étaient fréquentes dans les vallées suisses ; car il n'y a presque aucune vallée sans une ou plusieurs barrières transversales de matières résistantes, par-dessus lesquelles la rivière coulant à travers la vallée tombait autrefois sous forme de cataracte.

Près de Pontrésina, dans l'Engadine, on observe un cas analogue ; le gneiss, malgré sa dureté, se trouve aujourd'hui usé, de manière à former une gorge à travers laquelle se précipite la rivière sortie du glacier de Morteratsch. La barrière du Kirchet, au-dessus de Megringen, est aussi un cas de ce genre. Derrière se trouvait un lac, sorti du glacier de l'Aar, et qui versait son excédant d'eau par-dessus la barrière. Le rocher, qui se trouvait être du calcaire, a été en grande partie dissous ; mais il s'y joignait de plus l'action des particules de sable entraînées par l'eau, dont chacune, en venant frapper le rocher, y pratiquait un petit creux comme les grains du soufflet à sable. De sorte que c'est à la fois par dissolution et par érosion mécanique que s'est formée l'immense ouverture du *Finsteraar-Schlucht*. On pourrait démontrer que l'eau qui coule au fond de ces profondes fissures, coulait jadis au niveau de ce qui forme aujourd'hui leurs bords, et léchait en tombant les parois les plus basses des barrières. En Suisse, presque toutes les vallées fournissent des exemples de ce genre ; l'hypothèse insoutenable des tremblements de terre, à laquelle on avait autrefois si facilement recours pour expliquer la production de ces gorges, se trouve aujourd'hui presque généralement abandonnée. Pour produire les gorges de l'Amérique occidentale, il n'est pas besoin d'autre cause que l'intégration d'effets individuellement infinitésimaux.

Revenons maintenant au Niagara. Bientôt après leur prise de possession du pays, les Européens semblent s'être élevés à la conviction que le canal profond de la rivière du Niagara, au-dessous des chutes, avait été creusé par la cataracte. Dans « l'*Introduction à la géologie* » de M. Bakewell, on trouve mentionnée la prédominance de cette opinion. Voici comment le professeur Joseph Henry s'exprime dans les travaux de l'Institut d'Albang (1) : « En examinant la position des chutes et le caractère du pays circonvoisin, il est impossible de ne pas concevoir l'idée que cette grande voie naturelle a dû être formée par l'action continue de l'irrésistible Niagara, et que les chutes, commençant à Lewistone, ont, dans le cours des âges, creusé les couches rocheuses de façon à leur donner leur forme actuelle. » La même opinion est soutenue par sir Charles Lyell, par M. Hall, par M. Agassiz, par le professeur Ramsay, enfin par la plupart de ceux qui ont examiné sur place.

Il est facile de se faire une idée d'ensemble de l'origine et des progrès de la cataracte. En marchant vers le nord, à partir du village des chutes du Niagara, le long de la rivière, nous avons à notre gauche la gorge profonde et comparativement étroite à travers laquelle coule le Niagara. Les falaises qui limitent cette gorge ont de 300 à 350 pieds d'élévation. Nous atteignons le tourbillon,

(1) Cité par Bakewell.

nous tournons au nord-est, et peu de temps après nous reprenons par degrés notre route dans la direction du nord. Finalement, à sept milles environ des chutes actuelles, nous arrivons au bout d'une pente qui nous fait comprendre que nous avons jusqu'alors parcouru un plateau. A quelques centaines de pieds au-dessus de nous, est une plaine comparativement unie qui s'étend jusqu'au lac Ontario. La pente marque la fin de la gorge rapide du Niagara. Là, la rivière s'échappe des murs escarpés qui la resserrent, et, dans un lit élargi, poursuit sa route jusqu'au lac, qui reçoit finalement ses eaux.

Le fait que dans les temps historiques, même dans les limites de la mémoire humaine, la chute a sensiblement reculé, amène naturellement la question : Quelle est l'étendue de ce mouvement de recul? A quel point le rebord, qui va se reculant par une action continue, a-t-il commencé sa course rétrograde? Pour des esprits habitués à des recherches de ce genre, la réponse a été et sera : à la pente escarpée qui traversait le Niagara, depuis Lewiston, sur la côte américaine, jusqu'à Queenstone, sur la côte canadienne. C'est sur cette barrière transversale que les affluents réunis de tous les lacs supérieurs versaient autrefois leurs eaux, et c'est là qu'a commencé le travail d'érosion. La digue d'ailleurs se trouvait d'une hauteur démontrée suffisante pour amener, de la part de la rivière qui la surmontait, une submersion de l'île de la Chèvre ; c'est ce qui expliquerait parfaitement pourquoi sir Charles Lyell, M. Hall et plusieurs autres, ont trouvé dans le sable et le gravier de l'île les mêmes coquillages fluviatiles qui se rencontrent aujourd'hui plus haut dans la rivière du Niagara. Cette circonstance expliquerait également ces dépôts situés le long des bords de la rivière, dont la découverte a permis à Lyell, Hall et Ramsay d'amener à démonstration la croyance populaire que le Niagara coulait autrefois à travers une vallée peu profonde.

La physique du problème d'excavation, dont je me suis bien rendu compte avant de quitter le Niagara, se trouve révélée par l'examen sérieux de la chute actuelle du Fer-à-cheval. Nous y voyons avec évidence que le plus grand poids de l'eau se porte sur le sommet même du Fer-à-cheval. Dans un passage de son excellent chapitre sur la chute du Niagara, M. Hall fait allusion à ce fait. C'est là que nous avons le plus abondant et le plus violent tourbillonnement des flots brisés; c'est là que le remous se rejette avec plus de force contre le schiste argileux. A partir de cette portion de la chute, le flot d'écume s'élève quelquefois sans solution de continuité jusqu'à la région des nuages, devenant graduellement de plus en plus atténué, et passant finalement à l'état de vrai nuage de vapeur invisible, qui parfois est reprécipité plus haut encore. Tous ces phénomènes signalent distinctement le centre de la rivière comme le lieu du plus puissant effort mécanique; et à partir du centre, la force de la chute va s'affaiblissant à mesure qu'elle se rapproche des bords. La forme de fer à cheval, avec la concavité vers le bas de la chute, est une conséquence naturelle et nécessaire de cette action. Ce sommet de la courbe, dirigé tout juste vers le milieu de la rivière, se fraye un chemin en arrière, découpant le long du centre un sillon profond et comparativement étroit, et drainant les bords à mesure qu'elle les dépasse (1). De là la remarquable différence entre la largeur du Niagara au-dessus et au-dessous du Fer-à-cheval. Tout le long de sa course, depuis les hauteurs de Lewiston jusqu'à sa position actuelle, la forme de la chute a probablement été celle d'un fer à cheval; laquelle

(1) Dans la conférence, l'excavation du centre et l'action de drainage des bords étaient démontrées à l'aide d'un modèle imaginé par mon assistant, M. John Cottrell.

est simplement l'expression de la plus grande profondeur, et par conséquent du plus grand pouvoir d'excavation du centre de la rivière. La gorge, en outre, varie en largeur quand la profondeur du centre de la rivière varie; elle est plus étroite là où la profondeur était plus grande

L'immense puissance d'érosion comparative de la chute du Fer-à-Cheval éclate vivement aux regards quand on la met en parallèle avec la chute américaine. La branche américaine de la rivière supérieure est coupée à angle droit par la gorge du Niagara. Ici c'est la chute du Fer-à-Cheval qui a été l'excavateur réel. Elle a coupé le rocher et formé le précipice sur lequel la chute américaine retombe. Mais, depuis sa formation, l'action érosive de la chute américaine a été presque nulle, pendant que le Fer-à-Cheval s'est frayé une route de 500 mètres à travers l'extrémité de l'île de la Chèvre, et qu'aujourd'hui il se replie de façon à creuser son canal parallèle à la longueur de l'île. Cette circonstance que je venais de remarquer n'avait pas échappé aux perspicaces observations du professeur Ramsay (1). La rivière se courbe, le Pied-de-Cheval s'adaptera immédiatement à la courbure, et suivra implicitement la direction de l'eau la plus profonde dans le courant supérieur. La flexibilité de la gorge, si je puis employer cette expression, est déterminée par la flexibilité du canal de la rivière qui est au-dessus. Si le Niagara au-dessus de la chute se trouvait sinueux, la gorge s'empresserait d'en suivre docilement les sinuosités. Si les géographes étaient une fois mis sur ce terrain, ils ne

(1) Voici ses propres termes : « Là où la masse d'eau est peu considérable dans la chute américaine, le bord n'a reculé que de quelques mètres (aux endroits où il y a le plus d'érosion), pendant que la chute canadienne reculait depuis l'angle nord de l'île de la Chèvre jusqu'à la courbe la plus intérieure du Pied-de-Cheval. » (*Quaterly journal de la Société géologique*, mai 1859.)

seraient pas embarrassés de signaler maints exemples de cette action. Le Zambèze, s'imagine-t-on, présente une grande difficulté pour la théorie de l'érosion, à cause de la sinuosité de l'ouverture au-dessous de la chute Victoria. Mais, en supposant au basalte une texture uniforme, si la rivière avait été examinée avant la formation de ce canal sinueux, la disposition actuelle en zigzag de la gorge aurait pu, j'en suis sûr, être prédite, en même temps que le sondage de la rivière, telle qu'elle est aujourd'hui, nous permettra de prédire le cours que l'érosion lui fera suivre à l'avenir.

Non-seulement la rivière du Niagara a découpé sa gorge, mais elle a entraîné les débris de son propre atelier. Le banc de schiste étant probablement friable, les fragments s'en détachent facilement. Mais à la base de la chute, nous trouvons les énormes blocs déjà décrits, et qui, de manière ou d'autre, suivent le mouvement d'aval de la rivière. La glace qui remplit la gorge en hiver et qui étreint les blocs, a été considérée comme l'agent de transport. C'est vrai probablement jusqu'à un certain point. L'érosion agit sans cesse sur les parties saillantes des cailloux, éloignant ainsi leur point d'appui et les poussant graduellement jusque dans la rivière. La dissolution accomplit également son rôle dans l'œuvre. L'entraînement de matière solide est prouvé par la différence de profondeur entre la rivière du Niagara et le lac Ontario, dans lequel la rivière se jette. La profondeur tombe de 72 à 20 pieds, par suite du dépôt de matières solides causé par la diminution de mouvement de la rivière (1).

Disons un mot, en finissant, de l'avenir prochain du Niagara. D'après la vitesse d'excavation qui lui a été assi-

(1) Près de l'embouchure de la gorge, à Queenston, la profondeur, d'après la carte de l'amirauté, est de 180 pieds; dans l'intérieur de la gorge, elle est bien de 132 pieds.

gnée par Charles Lyell, c'est-à-dire à raison d'un pied par an, cinq mille ans à peu près amèneront la chute du Fer-à-Cheval bien au-dessus de l'île de la Chèvre. A mesure que la gorge reculera, elle rongera, comme elle a fait jusqu'ici, les bancs à droite et à gauche, laissant ainsi une terrasse à peu près nivelée entre l'île de la Chèvre et le bord de la gorge. Plus tard encore, elle colmatera complétement la branche américaine de la rivière, dont le canal deviendra en temps et lieu une terre cultivable. La chute américaine sera transformée alors en un précipice desséché, formant une simple continuation de la falaise qui limite le Niagara. A la place occupée actuellement par la chute, la gorge se courbera sous un nouvel angle droit, ce qui devra produire un second tourbillon. Je laisse le soin de vérifier cette prédiction à ceux qui visiteront le Niagara dans quelques milliers d'années. Tout ce que nous pouvons dire, c'est que, si les causes aujourd'hui en action continuent d'agir, elle se trouvera littéralement vraie.

La carte fort instructive jointe à ce mémoire est une réduction d'une carte publiée dans la « *Géologie de New-York*, » de M. Hall. Elle est basée sur des travaux exécutés en 1842 par MM. Gibson et Evershed. Le bord déchiré de la chute américaine, au nord de l'île de la Chèvre, marque le degré d'érosion qu'elle avait accompli, alors que la chute du Fer-à-Cheval s'ouvrait une voie vers le sud à travers l'extrémité de l'île de la Chèvre jusqu'à sa position actuelle. La chute américaine est un précipice de 168 pieds de haut, creusé non par elle-même, mais par la chute du Fer-à-Cheval. Celle-ci, en 1842, avait 159 pieds de haut, et, ainsi que le montre la carte, elle se tourne déjà dans la direction de l'est, le long du centre de la rivière supérieure. P est le sommet du Fer-à-Cheval, et T marque la situation de la tour Terrapin avec le promontoire adjacent, autour duquel j'ai été conduit par Conroy. Probablement, depuis 1842, le Fer-à-Cheval s'est porté en arrière de la position qui lui est assignée ici. Certainement le promontoire en T m'a paru beaucoup plus prononcé à angle aigu que ne l'indique cette carte. D'après ces considérations, la prédiction précédente n'est autre chose que la constatation par avance d'un fait qu'on peut prophétiser sans être bien clairvoyant.

J. TYNDALL.

OBSERVATIONS SUR L'HISTOIRE PHYSIQUE DU RHIN

Par le professeur RAMSAY.

Entreprendre de débrouiller l'histoire géologique, en
ce qui concerne les roches stratifiées et toutes les roches
ignées qui s'y rattachent, se résume simplement en ceci :
s'efforcer de réaliser la géographie physique des différentes époques géologiques; déterminer les relations de
la mer et de la terre, avec toutes ses plaines et ses montagnes, pendant ces périodes, et apprendre tout ce qu'on
peut savoir de toutes les créatures et de toute la végétation
qui ont habité les eaux et occupé la terre.

Je vais maintenant essayer l'explication d'une histoire
spéciale, celle du Rhin. Chaque rivière a son histoire
définie, si nous pouvions seulement la déchiffrer. Chaque
rivière a eu un commencement, et il est très-possible, —
si nous sommes assez habiles, — de déterminer, par les
changements spéciaux de la géographie physique, l'é-
poque à laquelle telle et telle rivière a commencé à couler, et pourquoi elle coule dans telle et telle direction.

Dans plusieurs publications, j'ai entrepris de montrer
quelle est l'histoire de quelques-unes des rivières d'Angleterre, telles que, par exemple, la Savern et la Tamise,
et je crois avoir réussi à dé montrer que la Savern est bien
plus vieille que la Tamise ; et c'est maintenant d'après
des principes semblables que je me propose de tâcher de

vous révéler l'histoire du Rhin et de sa vallée depuis les temps reculés jusqu'aujourd'hui. Depuis bien des années j'ambitionnais la solution de ce problème. Je connaissais les lieux depuis plus de vingt ans, remontant souvent ou descendant la rivière, et quelquefois habitant ses bords pendant des semaines, et une fois pendant des mois. Malheureusement, pendant les dernières treize années, je ne trouvai pas moyen d'y retourner; mais la question que j'avais établie dans mon esprit y séjournait; l'année dernière j'ai pu revoir le Rhin, et résoudre le problème comme je vais m'efforcer de vous l'expliquer.

Voici d'abord les grands traits distinctifs de la vallée du Rhin : Comme chacun sait, il prend ses sources dans les montagnes de la Suisse, l'une dans la vallée du Vorder-Rhein, l'autre dans celle du Hinter-Rhein, toutes deux des régions de glaciers. Le terrain d'où il sort est de 2,128 mètres à 2,432 mètres au-dessus du niveau de la mer. De là il passe au lac de Constance, 397 mètres au-dessus du niveau de la mer ; il coule ensuite à l'ouest par Schaffhouse jusqu'à Bâle, où, au pont, le niveau moyen des eaux est de 244 mètres au-dessus du niveau de la mer. De là il descend la grande plaine du Rhin en se dirigeant au nord, entre la forêt Noire et les Vosges, jusqu'à Mayence, où la hauteur de la rivière au-dessus du niveau de la mer est de 82 mètres 68, ce qui donne comme pente moyenne du fleuve environ 583 millimètres par kilomètre. Un peu au delà, en continuant vers le nord, nous arrivons à la gorge profonde du Rhin, où il coule entre de hauts bords à précipices, qui commencent à Bingen et se continuent jusqu'à Rheineck, dans le voisinage des Siebengebirge, sur une distance de 96 à 112 kilomètres, selon qu'on compte les détours ou qu'on les néglige. Après le Siebengebirge s'étend une plaine, formée en partie par le delta du fleuve, et se confondant bientôt avec les grands pays plats qui s'étendent depuis Calais jusqu'à l'Elbe.

Maintenant la question principale que j'ai à vous poser est d'abord : quelle est l'origine de la grande plaine supérieure qui s'étend entre Bâle et Mayence? Ensuite : quelle est l'origine de la gorge entre Mayence et Rheineck? Pourquoi se trouvent-elles là et par quels moyens cette plaine et cette gorge ont-elles pris leurs formes actuelles ?

Quand vous vous trouvez au-dessus de Bingen, ou, mieux encore, si vous faites l'ascension du Taunus, que vous regardez au sud, et que vous considérez combien est étroite la gorge et la barrière rocheuse de la montagne, qui a dû autrefois s'étendre à travers la partie basse de la plaine jusqu'à Bingen, il vous vient irrésistiblement à l'esprit qu'avant que cette gorge fût ouverte, un vaste lac a dû s'étendre de cette barrière jusqu'à l'endroit où se trouve Bâle actuellement, en recouvrant la grande plaine entre les montagnes de la fôret Noire et celles des Vosges. Cette idée a tellement pris possession de l'esprit populaire, au moins chez ceux qui se sont le moins du monde occupés de la question, que nous la voyons reproduite dans plusieurs guides voyageurs de notre temps, et notamment par Bœdeker, qui affirme que cette vaste plaine de 273 kilomètres de longueur a dû être recouverte par les eaux d'un lac, et cela à une époque comparativement récente. C'est une théorie qui saute aux yeux, et de prime abord a beaucoup pour la recommander; il semble en effet tellement évident qu'avant que la gorge fût ouverte, cette immense plaine a dû être recouverte d'eau, qu'il est difficile de se figurer qu'il n'en a pas été ainsi. Quand j'entrepris la considération de ce sujet, j'étais convaincu de cette idée, et je cherchais une cause pour expliquer le creusement de la gorge et l'écoulement subséquent du lac supposé.

Ayant fait un travail, il y a quelques années, sur l'origine des bassins des lacs de la Suisse, de l'Amérique du Nord et d'autres parties du monde, et ayant attribué la formation de beaucoup d'entre eux, mais pas de tous, à l'action des glaciers pendant la période glacière, ma première idée était que la glace avait pu être pour quelque chose au moins dans le creusement de cette grande vallée qui s'étend entre les flancs nord du Jura, de la forêt Noire, des Vosges et du Taunus. Mais en remontant lentement la rivière, cherchant des preuves qui confirmeraient ou contrediraient cette hypothèse, je fus bientôt contraint d'admettre que la glace des glaciers n'avait pu entrer en rien dans le creusement de ce vaste enfoncement. Car, d'un côté, — celui de la forêt Noire, — je trouvais qu'aucun des glaciers de cette région (on a trouvé les traces de leur existence) ne s'étendait même jusque dans la vallée du Rhin, et, de l'autre côté, celui de la région des vieux glaciers des Vosges, je ne trouvais aucune preuve qu'ils se fussent jamais avancés jusque dans la plaine. On ne trouve non plus aucune preuve que les glaciers de la grande époque glaciaire de la Suisse se soient jamais étendus aussi loin au nord que Bâle. On ne trouve non plus aucun signe de blocs erratiques ou autres matières provenant de moraines sur les plaines ou sur les coteaux près de Bingen, ce qu'on aurait pu s'attendre à y trouver, si toute la grande plaine du Rhin supérieur avait, à une époque donnée, été remplie de glace de glacier. Donc, cette théorie que je n'avais pas encore adoptée définitivement, mais que j'avais présumée pouvoir entrer pour quelque chose dans la question, s'évanouissait entièrement, et d'autres vues hypothétiques avec: il fallait recommencer.

J'allai, par conséquent, en Suisse, où, avec l'aide bienveillant des géologues suisses, j'examinai une partie du miocène ou roches tertiaires moyennes entre l'Oberland et le Jura.

Afin de faire comprendre clairement la suite du sujet, je dois dire quelques mots sur l'origine des chaînes de montagnes. Presque tout le monde est familiarisé avec les principes de l'hypothèse nébulaire. Tout le système solaire était, à une certaine époque, à l'état de nébuleuse, et à mesure que cette masse nébuleuse effectuait son mouvement de rotation dans l'espace, des portions étaient rejetées, et une de ces portions constituait la matière qui, plus tard, est devenue par condensation notre globe terrestre. Ce fluide nébuleux, en vertu de sa gravité, se condensant de plus en plus, et passant par ce que nous pouvons appeler l'état de fusion, commença avec le temps à prendre une forme solide, et finalement une croûte solide extérieure fut formée, qui entourait une masse fluide intérieure d'une température extrêmement élevée. Cette croûte, qui continuait à s'épaissir en conséquence de la radiation de la chaleur, était constamment attirée par la force de gravitation vers le centre de la terre. De cette manière, la circonférence de la terre diminuait nécessairement, et la sphère consolidée rocheuse qui formait l'écorce extérieure de la terre, était forcée de se réajuster de manière à occuper un espace qui se rétrécissait. D'où il suit que, pendant que certaines parties s'abaissaient, d'autres se plissaient et se trouvaient exhaussées relativement à d'autres portions de la croûte qui retenaient encore leur courbure primitive comme parties d'une sphère.

Cette hypothèse, qui, autant que je le sache, a été proposée la première fois par Élie de Beaumont, peut être considérée comme l'origine des chaînes de montagnes. Ce qui a commencé dans les premiers temps de l'histoire géologique, semble s'être continué régulière-

5.

ment jusqu'à nos jours ; il arrive ainsi que les géologues parviennent à prouver que des chaînes de montagnes peuvent être d'époques bien différentes, et que, de quelques époques qu'elles puissent dater, les couches qui les composent sont courbées et tordues.

De cette façon, il arriva qu'à une certaine époque de l'histoire géologique qui précédait la formation des roches miocènes au nord et au sud des Alpes, un bouleversement de la croûte terrestre eut lieu, causé par le seul retrait de la masse entière, de telle nature que les couches alpines furent tordues suivant les formes les plus contournées, et que la formation d'une grande chaîne de montagnes de l'époque prémiocène en fut le résultat. Au nord de ces montagnes, les couches de miocène commencèrent à s'accumuler dans d'immenses lacs : ces lacs étaient si près du niveau de la mer que, de temps en temps, par des dépressions du sol, ils s'abaissaient un peu, et la mer envahissait des étendues occupées jusque-là par l'eau douce. Cela eut pour résultat qu'en Suisse, entre l'Oberland et le Jura, et beaucoup plus loin au nord, les couches de miocène, qui ont des centaines et quelquefois des milliers de pieds d'épaisseur, se trouvent maintenant consister en stratifications alternées de couches marines saumâtres et d'eau douce. A cette époque, le Jura n'existait pas encore. Il est le résultat d'un bouleversement ultérieur de l'écorce terrestre ; et, de cette manière, les eaux miocènes dans lesquelles se sont déposées les couches qui existent aujourd'hui entre l'Oberland et le Jura, s'étendaient primitivement au nord bien au delà de l'emplacement occupé par cette chaîne, jusque dans le district de la plaine actuelle du Rhin entre Bâle et Bingen.

Il est difficile de se faire une idée de l'aspect de la nature à cette époque ; mais, en partie par un effort de l'imagination, et en partie au moyen d'une connaissance spéciale des fossiles renfermés dans les roches, il est possible de concevoir au moins quelque idée de l'aspect général du pays.

A l'est et à l'ouest de la grande vallée se trouvaient les chaînes de montagnes de la forêt Noire et des Vosges, tandis que, dans le lointain, au sud, s'élevaient les hautes montagnes des Alpes prémiocènes, plus ou moins couvertes d'une végétation de forêts. Sur les bords des lacs, aux premiers temps de l'époque miocène, poussaient d'immenses quantités d'arbres forestiers et de broussailles toujours vertes, de genres encore en partie caractéristiques des pays tropicaux et sous-tropicaux; des figuiers et des vignes, plusieurs espèces de protéacées analogues à celles qui végètent encore sur le continent australien : cyprès, sequoias, cannelles, palmiers en éventail et palmiers nains, fougères, charmes et épines vinettes, etc., tous de genres encore connus, mais presque tous, sinon tous, d'espèces éteintes. Plus tard, cette végétation disparut en partie, et fit place à des platanes, des peupliers, des ormes, des saules et des érables, en même temps que les figuiers, les vignes, les cannelliers, les lauriers et les protéacées continuaient à fleurir. Dans les bois, sur les prairies et dans les eaux, chacun à sa place, se prélassaient à loisir le *mastodonte angustidens*, le rhinocéros, le chæropotame, le dichobune, des cerfs, le dinothérium, l'hippopotame, des crocodiles, des salamandres, des poissons, etc; de nombreuses autres créatures erraient en liberté, tandis que l'air et la terre étaient peuplés de libellules, de fourmis, de scarabées et d'autres insectes dont plus de 800 espèces ont été reconnues.

J'arrive maintenant à la partie principale de cet entretien, qui a pour objet d'expliquer l'origine du Rhin : car, à cette première époque, le Rhin n'existait pas dans cette vallée; et nous avons même des preuves que le drainage principal, au lieu de s'écouler en un grand fleuve allant du sud au nord, comme il le fait aujourd'hui dans cette vallée, envoyait ses eaux en partie du nord au sud, et que les cailloux de la forêt Noire, au lieu d'être charriés vers le nord, comme ils le sont aujourd'hui par le Rhin, étaient entraînés vers le sud par des rivières de moindre importance, et se frayaient leur chemin jusqu'en Suisse, servant ainsi à former quelques-unes des roches de conglomérat dont les couches miocènes de la Suisse sont en grande partie composées.

Non-seulement le Rhin n'existait pas à cette époque, mais cette gorge romantique et pittoresque de la rivière, si connue du monde entier, n'existait pas non plus. On a souvent eu l'habitude d'attribuer la formation de cette gorge à un bouleversement violent et à une déchirure des couches, par lesquels les eaux avaient pu s'échapper du sud au nord. Je n'ai aucune foi dans le fait de bouleversements aussi violents occupant une place dans l'économie moderne du monde, ni qu'un cataclysme de ce genre ait jamais affecté l'ancien monde, autant du moins qu'il est permis aux géologues de suivre les faits en arrière depuis les temps actuels jusqu'aux époques géologiques les plus anciennes connues.

Après une longue durée de l'époque miocène, il se fit un nouveau bouleversement de la région européenne, et de beaucoup d'autres parties du monde en même temps, quoique ce ne soit que le district des Alpes et les contrées au nord des Alpes qui nous intéressent. Ce second bouleversement des Alpes eut pour résultat un grand soulèvement des couches miocènes. Tous les lacs miocènes qui occupaient les vieilles basses terres de la Suisse, et qui s'étendaient au loin à l'est vers ce qui constitue aujourd'hui le territoire autrichien, toute cette étendue, du moins en ce qui concerne les Alpes, s'éleva graduellement bien au-dessus du niveau de la mer, et ces lits de conglomérats, grès et marne, qui forment les basses terres de la Suisse, et qui traversaient ce qui est aujourd'hui le Jura, furent tellement bouleversés que les couches qui, à l'époque actuelle, constituent le Righi, le Rossberg, et d'autres montagnes subalpines, furent en partie élevées à une hauteur de 1,763 mètres au-dessus du niveau de la mer, et probablement de beaucoup plus. Les parties basses de la Suisse centrale, du côté du lac de Genève, du lac de Constance et dü lac de Neuchatel, sont encore à des hauteurs de 365 à 395 mètres au-dessus de ce niveau. C'est alors que la crête du Jura s'éleva d'abord pour former une chaîne de montagnes, et voici la preuve de ces bouleversements. D'abord nous savons que les roches miocènes existaient depuis les Alpes jusqu'au Taunus en couches horizontales. Pendant ce temps, une vaste quantité de cailloux miocènes furent charriés dans les lacs qui, peu à peu, se consolidèrent en un conglomérat excessivement grossier. Quiconque a fait l'ascension du Righi se rappellera que presque toute la montagne est composée de ce conglomérat grossier, ce qui prouve l'érosion prodigieuse que subissaient les Alpes pendant l'époque miocène. Quand nous considérons la quantité de ces débris, quoique les eaux de l'époque miocène ne fussent élevées que de très-peu au-dessus du niveau de la mer, nous ne pouvons nous empêcher de considérer comme probable que les Alpes étaient aussi élevées, sinon plus élevées qu'elles ne le sont aujourd'hui. Car la dégradation si considérable accusée par le conglomérat indique qu'une quantité énorme de matières a dû être enlevée des Alpes prémiocènes.

Après le bouleversement qui fit exhausser le Jura et les couches miocènes des terres basses de la Suisse, voici ce qui a dû se passer : en même temps que les couches secondaires tordues du Jura, les couches miocènes, qui jusqu'alors les recouvraient, furent soulevées de manière à former un grand nombre de courbes anticlinales et synclinales; la plus grande partie du matériel miocène qui recouvrait cette étendue, ayant été dans la suite emportée par dénudation, quelques fragments épars seulement restèrent dans ces creux en forme de bassin si curieux des hauts plateaux du Jura, pour attester la continuité des dépôts tertiaires moyens sur tout le parcours, depuis la base des Alpes prémiocènes jusqu'à la base méridionale du Taunus.

Quand le bouleversement postmiocène de tout ce district eut lieu, l'effet général fut que, tandis que beaucoup du district miocène suisse était tordu et élevé à une hauteur considérable, les couches équivalentes entre le Jura et le Taunus furent simplement soulevées d'un côté, de manière à former un long plan incliné, ayant sa pente du côté du nord entre la forêt Noire et les Vosges, et dont la surface pouvait avoir de 365 à 395 mètres au-dessus du niveau actuel de la mer, là où est situé Bâle actuellement, et de 304 à 334 mètres au-dessus du niveau actuel de la mer, là où l'ouverture de la gorge de Bingen commence aujourd'hui.

Avant ce vaste bouleversement, le Rhin n'avait pas existé ; car, jusqu'à cette époque, les quelques petites rivières qui, de temps en temps, se formaient dans la vallée plus ancienne du miocène, coulaient en partie vers le sud. Mais, quand le plan incliné se fut complétement formé, il eut pour résultat définitif de faire couler le grand drainage général du bassin, pour la première fois, du nord au sud ; le Rhin alors s'établit, roulant ses flots à une hauteur que nous pouvons approximativement estimer avoir été plus élevée de 153 m. qu'à présent, parce qu'à cette époque toute la grande vallée de Bâle à Bingen était remplie de couches de miocène jusqu'à cette hauteur. Nous avons pu établir ce fait par l'examen de la vallée à droite et à gauche, depuis Bingen jusqu'à Bâle; car partout nous trouvons des collines en plateaux formés de couches horizontales de miocène, qui bordent la plaine d'alluvion actuelle du Rhin et aboutissent aux montagnes plus anciennes des deux côtés. L'histoire révélée par ce fait est intelligible à quiconque a l'habitude de raisonner sur les phénomènes géologiques. Les couches formant des pentes escarpées sur les côtés opposés de la vallée étaient autrefois réunies; mais leur continuité primitive a été détruite simplement par la dégradation aqueuse et la dénudation continuelle. Elles sont, en vérité, les seules reliques d'une phase plus ancienne de la géographie physique du district, quand la surface de la plaine se trouvait à 153 mètres au-dessus de son niveau actuel.

Or, quand le Rhin commença à couler, la rivière passait à travers une vallée haute avec ses flancs en pentes douces, entre le Taunus et le Hundsruck, et qui ne ressemblait en aucune façon aux rochers escarpés qui maintenant enferment le Rhin dans la gorge en aval de Bingen. Le fond d'une partie de cette ancienne vallée haute forme encore une plaine étroite à terrasses, immédiatement au-dessus et au delà des bords escarpés de la gorge du Rhin. Or, ce que je voudrais faire comprendre, c'est que le Rhin, coulant dans cette vallée, s'est peu à peu creusé sa propre gorge, et qu'elle ne fut pas causée par une rupture. Chaque rivière, en coulant, ronge constamment son lit, surtout quand la pente est quelque peu roide. C'est une des fonctions principales des eaux courantes. Elles creusent continuellement leur lit, entraînant les sédiments ainsi formés des niveaux plus hauts aux niveaux plus bas, jusqu'à ce qu'elles atteignent avec le temps les lacs ou la mer.

En pénétrant dans la gorge du Rhin, allant vers le sud, ce qui frappe le géologue observateur, c'est la répétition continuelle de cette vieille terrasse adossée aux montagnes. Sur le côté gauche du fleuve au-dessus de Bingen, ce qui saute immédiatement aux yeux, ce sont les traces des sommets aplatis du Rochus-Berg, qui est de même hauteur à peu près que les collines de miocène à sommets tabulaires des environs. Une fois bien engagé dans la gorge au-dessous de Niederheimbach, on voit, au-dessus du bord supérieur, l'ancienne plaine de la rivière s'abaisser en pente douce vers le nord, pendant que les côtés de la gorge elle-même sont entrecoupés par de nombreux couloirs creusés par les torrents, depuis que le grand ravin (espèce de gorge profonde) est descendu à son niveau actuel.

A Welmich, au-dessous de Niederheimbach, en regardant en aval, on voit le bord de la plaine en terrasse se perdre en perspective dans le lointain au nord, et plus bas encore à Salzig : les traits si caractéristiques de Niederheimbach se reproduisent encore. Les mêmes formes se retrouvent constamment en descendant la rivière entre Bingen et Coblentz, et également au-dessous d'Andernach, comme par exemple à Rheineck. Enfin, au-dessus du Siebengebirge, presque à l'entrée de la gorge, en regardant en amont, on voit que les longues collines à l'est, qui descendent vers la rivière, se terminent par une terrasse correspondant, comme hauteur et contour, à celles dont nous venons de parler. La conclusion générale à tirer de ces observations, c'est que, à des hauteurs de 137 à 153 mètres au-dessus du fleuve actuel, l'ancienne terrasse de la rivière primitive avec pente douce continue, du sud au nord, correspond approximativement à celle de la rivière actuelle.

De ceci il est facile de conclure que, sur tout le parcours de ce qui est aujourd'hui la gorge, la rivière a coulé sur ce niveau élevé en terrasses, à une époque où

la plaine au-dessus de la gorge était si profondément remplie de couches de miocène, que le niveau du fleuve, là
ou Mayence et Bingen existent aujourd'hui, était aussi
élevé que la terrasse qui couronne la gorge entre Bingen
et Rolandseck. Peu à peu la rivière commença à creuser
sa gorge, lentement d'abord, mais de plus en plus profondément, serpentant en même temps et changeant de
lit continuellement à travers la grande plaine entre le
Jura et le Taunus ; par gradation lente, elle usait la surface de la plaine de plus en plus, et les matériaux de
cette surface entraînés à travers la gorge allaient augmenter le vieux delta de la rivière. A la fin, la plus grande
quantité des roches miocènes qui avaient en partie occupé
la plaine furent usées et emportées, et de cette manière
la plaine se trouva réduite à son niveau temporaire actuel, tandis que les collines en terrasses de chaque côté
restent comme un témoignage de l'immense dégradation
aqueuse que le district a dû subir.

Cette question étant résolue, je voudrais aborder un
autre point intéressant. De chaque côté du Rhin il existe
d'importants tributaires de ce fleuve. Ainsi au-dessus de
la gorge nous avons le Mein, le Neckar, le Kinzig, l'Elz,
et d'autres rivières, coulant à travers des vallées profondes à bords escarpés ; or, ces rivières sont tributaires
du Rhin depuis des temps très-reculés. Il en résulte que,
quand le niveau du Rhin était de 127 à 153 mètres au-
dessus de son niveau actuel, le niveau du fond de ces
rivières devait aussi être de la même hauteur plus élevé
qu'à présent ; et par conséquent qu'à mesure que la vallée
du Rhin a été creusée et approfondie, les rivières qui y
affluent ont dû creuser et approfondir leur lits dans la
même proportion. Quand nous arrivons à la gorge, le
même genre de raisonnement doit s'appliquer à la Moselle
et aux autres tributaires du Rhin.

Je me suis efforcé ailleurs de démontrer qu'à une époque la Moselle coulait à la même hauteur que la plaine élevée qui suit ses bords des deux côtés. Quiconque connaît cette rivière sait que, quoique ses bords aient l'air très-escarpés quand on la remonte en bateau à vapeur, après avoir escaladé les hauteurs des deux côtés, on se trouve sur un vaste plateau intersecté par de nombreuses vallées; de sorte que, avant que la gorge du Rhin fût trouée, la Moselle a dû couler à un niveau égal à celui de l'ancien Rhin, et qu'à mesure que la gorge du Rhin s'approfondissait, de même la Moselle creusait peu à peu son lit en proportion. La même chose avait lieu avec les autres rivières, à droite et à gauche du Rhin ; et en appliquant ce principe aux autres grandes rivières de l'Europe, nous pouvons espérer à la fin pouvoir expliquer l'histoire physique des systèmes d'écoulement des eaux de toutes les parties du continent.

Il y a un autre point à envisager relativement à l'histoire physique du Rhin. Les géologues savent que, dans les anciens temps, les glaciers de la Suisse s'étalaient sur une échelle infiniment plus grande qu'à présent. Vastes comme ils nous apparaissent aujourd'hui, ce ne sont que des pygmées comparés à leurs dimensions à une époque comparativement récente dans l'histoire du monde. Le glacier du Rhône s'étendait alors sur tout l'espace occupé maintenant par le lac de Genève, et venait aboutir au Jura; le vieux glacier du Rhin s'étendait sur tout le lac de Constance, et atteignait au moins moitié chemin entre Schaffhouse et Bâle. La quantité d'eau provenant directement de tels glaciers a dû être immense, et les moraines déposées par ces couches de glace devaient être énormes. L'examen des cailloux qui composent le gravier superficiel, nous démontre avec certitude qu'une grande partie provient de la région des Alpes. Une grande moraine, telle que celle que le vieux glacier du Rhin a dû verser de son extrémité ouest, était constamment attaquée par les eaux sortant du glacier, et qui le traversaient; de cette manière, peu à peu des cailloux étaient entraînés plus loin dans la plaine.

Il en résulte qu'une grande partie du gravier du Rhin est simplement le résultat de la dégradation des moraines déposées par les vieux glaciers de la Suisse, à laquelle on peut ajouter les matériaux entraînés par les cours d'eau des Vosges et de la forêt Noire, qui eux aussi provenaient des moraines de vieux glaciers moins importants.

L'année dernière, j'ai eu le bonheur de faire ici un discours sur l'histoire des vieux continents, et je me suis efforcé de démontrer qu'un vieux continent surtout avait conservé son identité pendant une très-longue période de temps géologique; que, à partir de la fin de la période silurienne supérieure, pendant toute la durée des périodes du vieux grès rouge et carbonifère, pendant les époques du permien et du nouveau grès rouge, sur une grande partie de ce qui est aujourd'hui l'Europe, ce continent, malgré beaucoup de changements physiques, avait néanmoins conservé son identité. Un continent aussi vaste, restant le même à travers toutes ces périodes géologiques, implique une succession d'espaces de temps telle que, en tant qu'il s'agit d'années ou de cycles d'années, l'esprit ne peut s'en former qu'une idée vague. Un jour, peut-être, il nous sera permis d'attaquer le problème; mais ce ne sera que quand l'astronomie viendra plus résolûment à l'aide de la géologie que nous pourrons commencer à espérer de pouvoir résoudre le problème de la vraie valeur du temps géologique. Quoi qu'il en soit, il est certain que, pendant la longue époque continentale dont nous venons de parler, il y eut d'une manière répétée des changements de géographie physique bien plus considérables que le petit changement dont je viens d'essayer de faire l'esquisse. Les Flores et les Faunes du monde, dans ces temps reculés, ne changeaient pas seulement de la manière partielle dont je viens de parler ; elles furent plusieurs fois renouvelées en grande partie, même quant aux genres. Des chaînes de montagnes s'élevaient, des périodes glaciaires intervenaient et disparaissaient. De grands lacs, tantôt d'eau douce, tantôt d'eau salée, se formaient et étaient obliterés par des changements terrestres successifs. A une époque, de vastes lacs, comme ceux qui existent au cœur de l'Afrique et de l'Amérique du Nord, s'étendaient sur des surfaces de terre immenses ; à une autre, des étendues égales ou plus grandes étaient couvertes de lacs d'eau salée aussi grands que la mer Caspienne ou la mer d'Aral ; et quand vous réfléchirez à l'épisode continental de l'histoire géologique moderne de l'Europe sur laquelle j'ai appelé votre attention, vous verrez combien il est petit, quoiqu'il puisse paraître grand à votre esprit, comparé à l'époque continentale ancienne dont j'ai parlé l'année dernière. On peut être certain que, quoique pour un œil superficiel il puisse sembler que le monde à dû toujours faire ce qu'il fait aujourd'hui, et que de tout temps il continuera ainsi, avec ses montagnes, ses vallées, ses rivières, ses lacs et ses mers, il n'en est pas moins certain que des changements tels que ceux dont j'ai parlé ce soir ne sont que les avant-coureurs d'autres changements non moins considérables, et même beaucoup plus considérables, qui auront lieu par la suite. De même qu'il n'y a jusqu'à présent aucune limite déterminée aux temps géologiques du passé, de même nous ne connaissons aucune limite mesurable aux temps géologiques à venir. (Traduit par M. Costello.)

TEMPÉRATURE DE L'ATLANTIQUE

Par le docteur CARPENTER.

Discours sur la température de l'Atlantique, prononcé par le docteur Carpenter, à l'Institution royale de la Grande-Bretagne, dans la séance du 20 mars 1874.—Au nombre des sujets d'étude confiés au *Challenger* dans son expédition, l'un des plus importants consistait dans un examen minutieux et détaillé de la températurè des grands bassins de l'Océan ; il devait étudier cette température, tant dans ses rapports avec la géographie physique du fond de la mer que dans l'hypothèse d'un mouvement général de circulation provenant seulement des différences de température ; ce dernier fait avait été signalé par le docteur Carpenter, en s'appuyant sur des études antérieures auxquelles il s'était livré. Grâce à l'obligeance de l'amiral Richard, chargé dernièrement de l'hydrographie à l'amirauté, tous les résultats obtenus par le *Challenger*, complets aujourd'hui en ce qui concerne l'Océan du Nord et du Sud, ont été communiqués au docteur Carpenter ; il se propose de les comparer avec les prévisions qu'il avait hasardées en se basant sur des considérations théoriques, et d'en déduire les modifications que l'on doit apporter dans les opinions admises jusqu'à ce jour au sujet du grand courant le Gulff-Stream.

Dans un discours sur les résultats de l'expédition du

Lightning de 1868, discours adressé aux membres de l'Institution royale, le docteur Carpenter s'est étendu sur l'opinion adoptée alors par les géographes physiciens, d'après laquelle le fond de la mer était considéré comme ayant une température uniforme de 4° centigrades ; on supposait que le thermomètre s'élevait jusqu'à ce point dans les mers polaires à mesure que la profondeur augmentait, et qu'il descendait au même degré à mesure que la profondeur augmentait dans les mers équatoriales.

Le docteur Carpenter a démontré que cette opinion était en désaccord avec les observations faites récemment, sous sa direction, au fond du détroit compris entre le nord de l'Écosse et les îles de Faroe, avec celles faites peu de temps avant dans le golfe Arctique par le capitaine Shortland, et enfin avec différentes observations faites dans d'autres localités, dans lesquelles, à de grandes profondeurs, on n'a pas trouvé la température de 4°. Il y aurait eu un fait de plus à ajouter, mais il ne le connaissait pas alors : c'est que le capitaine Spratt avait constaté que la température de la Méditerranée, à des profondeurs correspondantes à celles des grands bassins de l'Océan, s'élevait beaucoup au-dessus de 4°, et atteignait 13°. Plus tard encore, on a trouvé une différence de 8° entre les températures de fond de surfaces contiguës dans le détroit de Lightning ; la température de la couche chaude s'élevait autant au-dessus de 4° que la couche froide s'abaissait au-dessous de 4°. Le docteur Carpenter s'était hasardé à affirmer que ces faits pouvaient, avec toute espèce de fondement, être pris comme un exemple de l'échange continuel qui se produit entre les eaux océaniques des régions équatoriales et des régions polaires, échange d'une nécessité physique aussi nécessaire que l'échange qui contribue, dans une proportion si forte, à la production du vent.

Les études de température entreprises sur *la Procupine*

dans l'expédition de 1869, et dont le résumé a été donné par le docteur Carpenter dans un discours du 11 février 1870, font connaître un grand nombre de faits qui viennent à l'appui de ses idées ; elles établissent aussi la confirmation d'une supposition d'après laquelle on devait se méfier des résultats des observations : il s'agit de l'influence que doit exercer, sur un thermomètre non muni d'enveloppe, la pression énorme qu'il éprouve au fond de la mer ; cette pression s'élève à 150 kilogrammes par centimètre carré à une profondeur de 800 brasses (1464 mètres). Dans les observations de 1869, comme dans toutes celles entreprises ultérieurement, on n'a employé que des thermomètres munis d'enveloppes, et on peut considérer les résultats comme aussi exacts que possible.

Pour la surface du fond de l'eau qui s'étend entre le nord de l'Ecosse et les îles de Faroe, et qui, à une profondeur de 500 à 600 brasses (900 à 1,100 mètres), est parcourue par un courant des mers glaciales de plus de 300 brasses (550 mètres d'épaisseur), on a trouvé une température de — 1°, tandis que sur les confins du grand bassin de l'Atlantique, bassin qui se creuse rapidement vers l'ouest de l'Irlande, les relevés de température ont montré qu'à 1,000 brasses (1,830 mètres) il y a une couche à 4°, et qu'au-dessous de cette profondeur, le thermomètre s'abaisse lentement et progressivement jusqu'à 2° 1/2 pour 2,435 brasses (4,456 mètres).

Antérieurement, le commandant Chimmo et le lieutenant Johnson, employant dans le bassin de l'Atlantique Nord des thermomètres non munis d'enveloppes, mais corrigés au moyen d'échelles convenables, avaient trouvé des résultats presque identiques à ceux que nous venons de signaler; aussi le docteur Carpenter s'est-il trouvé parfaitement à même d'avancer avec confiance que les températures du fond de la mer résultant des opérations faites jusque-là dépendaient, non pas, comme on l'avait supposé, de courants inhérents aux localités, mais de l'existence générale, sur tout le lit de l'Atlantique du Nord, d'une température supérieure de quelques degrés seulement à celle du point de congélation. Il lui parut donc évident, ou que la grande masse d'eau occupant la moitié inférieure du bassin de l'Atlantique provenait d'une région plus froide, ou que sa température était abaissée par un mélange d'une origine polaire. Cette dernière hypothèse était, suivant lui, la plus probable, eu égard au passage resserré qui existe entre les bassins de l'Océan Arctique et de l'Atlantique du Nord, passage qui devait considérablement limiter l'écoulement des eaux glacées entre le premier et le dernier. Il exprima en outre la pensée qu'il devait y avoir, entre les surfaces antarctiques et équatoriales, un échange plus facile qu'entre celles de l'hémisphère du Nord; de sorte que la température du lit de l'Atlantique Sud doit être inférieure à celle de l'Atlantique Nord. Il ajoutait encore que l'effet de refroidissement produit par le courant sous-marin de l'Océan Antarctique devait probablement s'étendre jusqu'au nord de l'équateur (ainsi que cela a lieu dans le golfe Arabique) de manière à réduire la température du fond, même dans les mers intertropicales au-dessous de celle de l'Atlantique Nord. Peu de temps après, ces prévisions furent pleinement confirmées; car les températures des fonds relevées dans l'océan Indien par le commandant Chimmo, avec des thermomètres munis d'enveloppes, presque au-dessous de l'équateur, ont été de 1° à une profondeur de 2,300 brasses (4,209 mètres), et de 0° à 2,656 brasses (4,860 mètres).

Dans un discours prononcé l'année suivante par le docteur Carpenter (le 10 mars 1871) relativement aux recherches scientifiques auxquelles il s'était livré l'été précédent dans la Méditerranée, il lui fut possible de citer à l'appui de ses opinions un autre fait donnant une preuve des plus concluantes ; elle consiste dans le contraste remarquable qui existe entre les eaux inférieures des bassins de l'Atlantique et de la Méditerranée. Ces bassins sont séparés par un bouclier d'eau de mer, c'est-à-dire par le détroit de Gibraltar, et la température de leurs eaux à la surface est la même. En effet, pendant les mois d'hiver, la température du bassin a une moyenne d'environ 12° à la surface, et cette température se maintient avec une uniformité remarquable jusqu'à 1,500 ou 1,600 brasses (2,745 à 2,934 mètres) ; dans les mois d'été, au contraire, il n'y a que la couche de la surface qui soit influencée par la radiation solaire, et au-dessous de 50 brasses sa température reste constamment de 12° pendant toute l'année. D'un autre côté, dans le bassin de l'Atlantique, vers les mêmes parallèles, la température s'abaisse graduellement depuis 12° à 50 brasses jusqu'à 10° 1\2 à 700 brasses, puis à 8° à 800 brasses, 5° 1\2 à 900, et 3° 1\2 à 1,000 brasses (1,830 mètres) ; enfin elle descend lentement jusqu'à 2° 1\2 au delà de 2,000 brasses (3,660 mètres).

De ces faits on a conclu que l'uniformité de la température de la Méditerranée, à mesure que l'on s'abaisse, prouve que la profondeur n'a pas d'influence pour produire l'abaissement, et que la réduction de 18° de température de l'Atlantique entre les mêmes parallèles et à des profondeurs correspondantes, ne peut provenir que d'un courant inférieur provenant des mers polaires. Ce mouvement trouve sa force motrice dans la différence d'équibre produite par le froid de l'espace polaire ; son influence sur la surface doit occasionner un mouvement descendant continu, tel que celui qui détermine un mouvement ascensionnel dans les grands édifices chauffés avec de l'eau chaude à la partie inférieure. Le poids ou la pression inférieure de la colonne polaire doit dépasser celui de la

6

colonne à l'équateur ; les niveaux étant considérés comme les mêmes, il résulte de l'augmentation de densité provenant de la moindre température que l'excès de la pression latérale donnera lieu à un courant deseaux inférieures polaires vers celles de l'équateur. Ce courant abaissant le niveau, donne lieu à un courant descendant à la surface des eaux circompolaires, qui s'écoule à son tour dans les eaux tempérées, et enfin vers les eaux intertropicales.

Il n'y a pas de physicien qui puisse mettre en doute la vérité de cette répartition de l'eau au point de vue théorique ; elle a été mise en évidence par l'expérience dans deux cas antérieurs. Il n'y a qu'une question à poser : c'est de savoir si l'existence du double courant peut être amenée à la même évidence.

Avant le départ de l'expédition du *Challenger*, le docteur Carpenter avait réuni quelques faits qui viennent à l'appui de son opinion.

1. La mer de Sulu, qui s'étend entre le nord-est de Bornéo et Mindinao (la plus au sud du groupe des Philippines), donne lieu, relativement à la mer de Chine, aux mêmes observations que celles faites pour la Méditerranée à l'égard de l'Atlantique ; car, s'il n'y a pas une clôture résultant des côtes, il y a une fermeture, provenant de rochers sous-marins, à une profondeur peu considérable, dans l'intérieur de laquelle le fond est à 1,800 brasses. Or, le commandant Chimmo, qui a étudié cette surface dernièrement, a trouvé que les températures à la surface dans les mers de Sulu et de la Chine sont semblables, et que l'abaissement du thermomètre dans la couche la plus chaude est à peu près le même dans les deux ; mais, dans la mer de Chine, la température tombe à 10° vers 200 brasses et à 3° de 550 à 900 brasses, tandis que la température de la mer de Sulu s'abaisse beaucoup plus lentement, ne tombe à 10° qu'à 1,100 brasses, et conserve ce

degré jusqu'à 1,778 brasses. On ne peut rendre compte de ce fait que par une seule hypothèse : c'est que la température de la couche inférieure de la mer de Chine est abaissée par un courant d'eau froide provenant de l'Antarctique (le peu de largeur et le peu de profondeur du détroit de Behring arrête les eaux de l'Arctique) ; mais que la mer de Sulu, renfermée dans une muraille, et qu'on peut comparer à un cratère énorme, a à sa partie inférieure la température de la couche la plus froide qui ait la liberté d'y parvenir.

2. Les observations faites récemment par le capitaine Wharton dans les courants des détroits de la mer Noire, ont démontré qu'un courant sous-marin très-fort peut résulter d'une légère différence dans la pression de haut en bas. Par suite de l'excès de la quantité d'eau provenant de la pluie et des rivières sur celle entraînée par l'évaporation, il existe à plusieurs époques de l'année un courant à la surface de la mer Noire, allant vers la mer Égée, traversant le Bosphore et les Dardanelles. Les eaux de la mer Noire ne contiennent qu'une quantité de sel qui est un peu moins de la moitié de celle contenue dans la mer Égée ; donc, en supposant que les hauteurs des deux colonnes soient égales, il y aurait un excès de pression latérale au fond de la mer Égée, teudant à produire un courant sous-marin en retour vers la mer Noire. Mais le faible excédant dans le niveau de la colonne de la mer Noire, entretenu par l'excès d'eau qui s'y répand, suffit pour ramener l'égalité dans la pression du fond, et par suite dans les pressions latérales des deux colonnes ; il en résulte qu'il n'y a aucun courant inférieur, excepté quand l'écoulement est déterminé par le vent, qui souffle dans les détroits pendant une grande partie de l'année. Lorsque le vent souffle avec force, de manière à abaisser l'excès d'eau de la mer Noire, et à élever le niveau de la mer Égée, même légèrement, l'excès

de densité de la colonne de la mer Égée exerce son effet; il y a alors un courant inférieur tellement fort que les amarres qui maintiennent la bouée sont entraînées par lui, et entraînent la bouée, qui cependant est poussée en sens contraire par le courant à la surface, avec une telle rapidité qu'il fallait la chaloupe à vapeur du *Shearwater* pour pouvoir la suivre.

3. Un courant sous-marin semblable, produit par une différence de densité, a été remarqué à l'embouchure de la rivière de l'Hudson, qui se jette dans le port de New-York, en traversant des parties resserrées. Pendant une grande partie de l'année, la quantité d'eau reçue par la rivière est assez forte pour en maintenir le niveau de manière à neutraliser l'excès de la densité de l'eau extérieure aux détroits, et alors il n'y a aucune introduction d'eau salée. Mais dans l'été, lorsque la rivière est très-basse, il y a un courant sous-marin vers l'intérieur qui se fait sentir à une distance considérable au delà de l'entrée; il est dû seulement à l'excès de pression latérale.

4. Le professeur Draper a eu l'obligeance de communiquer à l'auteur de ce discours les observations de température faites sur le navire-école de New-York le *Mercure*, dans son voyage de Sierra-Leone aux îles Barbadœs; ces observations ont mis en évidence un fait remarquable concernant la température de la partie intertropicale de l'Atlantique: c'est que l'eau froide se rapproche plus de la surface dans cette partie que dans aucune autre partie tempérée de l'Atlantique nord; et, ainsi que l'auteur de ce discours l'a dit dans les Procedings de la Société royale, n° 138, page 541, ce fait, s'il est confirmé par d'autres observations, sera un argument puissant en faveur de la théorie de la circulation océanique verticale: il est d'ailleurs évident que comme, dans les zones intertropicales, l'eau froide du fond passe à la surface plus rapidement qu'ailleurs,

dans ces zones, la température de la couche qui n'est pas encore soumise à l'insolation, doit être plus basse qu'elle ne l'est dans les zones tempérées.

Voilà quelles ont été les prévisions du Dr Carpenter, et l'exactitude de la théorie sur laquelle elles reposent, peut être constatée par leur accord avec la grand quantité d'observations faites pendant le voyage du *Challenger*, dans le nord et le sud de l'Atlantique, durant le cours de l'année 1873.

La première coupe a été relevée sur une route suivie obliquement dans l'Atlantique nord, du 14 février au 15 mars, depuis Ténériffe (28° de lat. nord) jusqu'à Saint Thomas (48° de lat. nord). A part une exception qui mérite d'être notée, la profondeur a augmenté progressivement depuis 1,890 brasses (3,458 mètres) à peu de distance de Ténériffe, jusqu'à 3,150 brasses (5,764 mètres) à 35° de long. ouest, et c'est la plus grande profondeur trouvée dans le bassin est. Quant à l'exception, elle consiste dans une élévation abrupte de 2,000 à 1,525 brasses, située à une distance de 160 milles au sud-ouest de Ferro; et le capitaine Nares dit : La nature du fond formé de rochers, et l'abaissement de la température ordinaire dans ces fonds, sont l'indice d'un mouvement considérable de la couche d'eau inférieure. Depuis 35° de longitude ouest jusqu'à 44° 1/2, la profondeur a diminué graduellement jusqu'à 1,900 brasses; cette élévation sous-marine, appelée la montée du Dauphin, partage l'Atlantique moyen entre un bassin est et un bassin ouest. Ensuite, la profondeur a augmenté graduellement de 3,022 brasses à 61° 1/2 de longitude ouest, tout près de l'extrémité nord de la chaîne des Antilles inférieures et des îles du Vent, et la profondeur de l'eau diminue rapidement quand on approche de l'île de Sombrero.

La coupe des températures, déduite d'une série de son

dages pris généralement à des intervalles de 1,000 à 1,500 brasses d'abord, puis à des intervalles plus éloignés, lorsqu'on arrive vers le fond, est, à son extrémité ouest, par rapport à la ligne de 4° obtenue jusqu'à 1,000 brasses, parfaitement conforme aux observations faites antérieurement sur la côte du Portugal par le Dr Carpenter ; la conformité existe aussi en ce qui concerne la réduction progressive à une plus grande profondeur, jusqu'à une température de fond de 2°. Mais on a trouvé la température de 10° à une profondeur bien moindre, à environ 350 brasses au lieu de 700 ; de sorte que la transition de 10° à 5° s'est trouvée moins abrupte que dans une position plus au nord. L'uniformité de profondeur 380 brasses à laquelle la température de 9° a été atteinte, est un caractère très-remarquable de cette section, surtout si nous faisons attention que son extrémité ouest est de 10 degrés plus au sud que l'extrémité ouest, et aussi que la saison du printemps était plus avancée. Ainsi, quoique la température à la surface s'élève de 18 à 24°, l'effet de cette augmentation avait disparu tout à fait à la profondeur de 400 brasses. Au-dessous de cette profondeur, il se produit un changement remarquable dans la descente graduelle des lignes isothermes depuis 7° jusqu'à 5° ; et il arrive que la dernière température que l'on avait trouvée à l'extrémité vers 1,000 brasses, se présente à la partie la plus profonde du bassin à 850 brasses, et que les couches de 10° à 7° et de 7° à 4° sont beaucoup plus minces. Mais le phénomène le plus concluant est la dépression de la température du fond, dont le niveau est avec une uniformité remarquable de 2° dans la partie la plus profonde du bassin est, et de 4°,5 dans la partie la plus profonde du bassin ouest. Cette dépression, rapprochée des autres faits que nous avons mentionnés, indique clairement qu'il y a un courant sous-marin des eaux de l'Antarctique qui s'étend au nord jusqu'à Saint-Thomas.

Le *Challenger* a quitté Saint-Thomas le 24 mars, et fait voile au nord vers les Bermudes (à une distance nord de 32°). A une petite distance au nord de Saint-Thomas, il y a eu une dépression extraordinaire du fond lorsqu'on est arrivé à la profondeur de 3,875 brasses. Les détails de ces sondages si intéressants, qui parmi les sondages pris à un grande profondeur sont les premiers auxquels on puisse apporter une grande confiance, sont d'une exactitude qu'on ne peut mettre en doute ; les difficultés éprouvées ressortent de ce fait, que deux thermomètres munis d'enveloppes, qui avaient résisté à une pression de près de 630 kilogrammes par centimètre carré, ont été écrasés par la pression de 748 kilogrammes qu'ils y ont rencontrée, ce qui a empêché de relever la température du fond. Au delà de cette dépression, le fond atteint 2,800 et 2,900 brasses, et de là graduellement jusqu'à 2,475 brasses, dans le voisinage immédiat du groupe des Bermudes ; ce groupe paraît reposer sur une colonne de près de trois milles de hauteur, s'élevant au-dessus d'une base très-petite. On a beaucoup de motifs de croire que cette colonne est formée de coraux ; elle aurait commencé lorsque le fond était au niveau de sa surface actuelle, et se serait développée à mesure que le fond aurait baissé.

Le caractère le plus remarquable de la coupe des températures entre Saint-Thomas et les Bermudes, consiste dans le grand accroissement de l'épaisseur de la couche entre 16 et 18° ; cet accroissement provient non-seulement de la réduction de température à la surface et de la diminution de la couche échauffée, par suite de la direction nord de la section, mais aussi de l'abaissement de 16° de la ligne isotherme depuis 200 jusqu'à 300 brasses, abaissement qui se produit quoique la ligne isotherme de 4° s'élève ou s'abaisse. Il sera bon de chercher à se rendre compte de cette particularité, qui s'est présentée aussi dans le voyage des Bermudes aux Açores.

I e *Challenger* a quitté les Bermudes le 21 avril, s'est dirigé vers New-York, a traversé le courant du golfe, et a relevé une courbe des températures dans les eaux peu profondes de Sandy-Hook. Immédiatement au nord des Bermudes, il a trouvé une profondeur de 2,650 brasses; cette profondeur s'est accrue jusqu'à 2,850 brasses; elle a dépassé 2,600 brasses au-dessous du courant du golfe, puis a diminué rapidement en s'approchant des États-Unis. Le *Challenger* est ensuite arrivé le 8 mai à Halifax (Nouvelle-Écosse); il est reparti le 19 pour les Bermudes, où il est arrivé le 31, après une seconde traversée du golfe, et après avoir étudié le phénomène singulier de la bande froide qui le sépare de l'Amérique.

Dans ces deux sections, la couche la plus profonde est d'accord avec celles dont on a déjà parlé. Des Bermudes, en se dirigeant au nord vers le golfe, la ligne isotherme de 4° se trouve à une profondeur d'environ 850 brasses; au-dessous, à 2,500 ou 2,800 brasses, le thermomètre s'abaisse progressivement jusqu'un peu au-dessous de 2°, de sorte que l'épaisseur de la couche dont la température est de 2 à 4° a une moyenne de 2,000 brasses (3,660 mètres). Quant à la couche supérieure, elle présente quelques caractères particuliers. Les quatres couches successives de 4 à 7° de 7 à 10°, de 10 à 13°, et de 13 à 16° sont minces par rapport aux couches ordinaires; et il arrive qu'il y a une chute qui n'est pas de moins de 6° entre 330 et 620 brasses. D'un autre côté, la couche dont la température dépasse 16° a une épaisseur beaucoup plus forte; la ligne isotherme de 16°, qui se trouve à 200 brasses à Saint-Thomas, est en ce point environ à 330 brasses, et cela malgré une réduction considérable dans la température de la couche à la surface, qui rend le passage du courant d'eau de température élevée du Gulff-Stream plus évident. Il résulte clairement des coupes de New-York et d'Halifax que le véritable Gulff-Stream, ou courant des Florides, est une rivière définie d'eau plus chaude que le reste; sa largeur est d'environ 60 milles près de Sandy-Hook, tandis que près d'Halifax, il se divise en plusieurs courants formant une espèce de delta; sa profondeur, mesurée au moyen d'une sonde à courants, n'est pas de moins de 100 brasses. Cette rivière court sur une couche de 15 à 18°; son épaisseur, comme nous allons le constater maintenant, sépare l'Atlantique ouest de l'Atlantique est, entre les Bermudes et les Açores, tandis qu'à une profondeur qui n'est pas moindre du double de cette couche, nous arrivons dans ce qui est évidemment l'eau polaire.

Occupons-nous encore du courant du golfe. On sait depuis longtemps que ce courant est séparé de la côte des États-Unis par une bande d'eau, dont la température est au-dessous de la température normale de la latitude autant que celle du courant du golfe lui est supérieure; le passage de l'une à l'autre est si abrupt, qu'on l'a appelé la Muraille froide. On considère cette bande comme la continuation du courant du Groënland et du Labrador; poussé par les vents du nord, il dépasse Terre-Neuve, tourne la Nouvelle-Écosse, passe au cap Cod, longe toute la côte Atlantique des États-Unis, et s'étend même au sud jusqu'au détroit de la Floride. Mais en s'étendant vers le sud, ce courant du Labrador ne se manifeste que par la température; on ne peut reconnaître aucun mouvement à la surface dans cette bande froide au sud de New-York, et son existence a dû être une cause d'embarras pour les personnes chargées d'étudier la côte sud supérieure; elles ont constaté sa continuité avec la couche froide située au-dessous du courant du golfe. Cette continuité est très-bien mise en évidence dans la courbe de température entre le courant du golfe et Halifax relevée par le *Challenger*; nous voyons, en effet (comme dans la section de New-York), que non-seulement les lignes isothermes de 15°, 13° et 10°

s'élèvent à la surface à mesure que nous allons vers la terre, mais qu'il en est de même aussi des lignes isothermes plus profondes de 7 et 4°, tandis qu'à une profondeur de 83 brasses seulement, on trouve une température de 2° qui, à peu de distance vers le sud, ne se trouve qu'à 2,000 brasses. Nous discuterons plus loin les causes de cette élévation de la couche froide le long de la côte.

Le 12 juin, le *Challenger* quitta les Bermudes et traversa encore l'Atlantique dans la direction est, passant d'abord un peu au nord des Açores (de 32° à 37° 1/2 de latitude nord), puis (de 37° 1/2 à 33° de latitude nord) un peu au sud de Madère, où il est arrivé le 16 juillet. La plus grande profondeur obtenue entre les Bermudes et la base de la pente uniforme qui s'élève vers les Açores est de 2,875 brasses; la température la plus basse du fond est de 1°,6. Le trait le plus saillant de cette section consiste dans une couche épaisse de 15° à 18°, qui s'étend à l'est jusqu'à une longitude 41° ouest ; vient alors une épaisseur qui se forme rapidement en approchant de la ligne isothermale de 15° à la surface. En même temps, la ligne isothermale de 4° s'abaisse graduellement, et les quatre bandes immédiates reprennent à peu près les mêmes proportions qu'elles ont dans la partie est de la section de Ténériffe à Saint-Thomas. Ainsi, il est évident qu'il y a une plus grande quantité de chaleur dans les 300 brasses supérieures de la moitié ouest de l'Atlantique, entre les latitudes 25° nord et 40° nord, que celle qui existe vers l'est ; on doit l'attribuer au reflux de cette portion du grand courant équatorial qui n'entre jamais dans la mer de Caribbe ou le golfe du Mexique, mais qui, tombant contre la ligne des Antilles, la péninsule de la Floride et la côte de la Géorgie, dévie d'abord vers le nord, puis tourne à l'est du côté des Açores et de la côte d'Afrique, en complétant ainsi la circulation horizontale dans le nord de l'Atlantique qui résulte de l'influence des vents alizés. Ce serait à tort que l'on considérerait ce courant comme une branche du Gulff-Stream, car rien n'indique qu'il entre dans le golfe du Mexique ou qu'il s'y réunisse.

Les observations de température faites ensuite ont été relevées dans une direction s'étendant à peu près du nord au sud le long du bord est de l'Atlantique, de Madère aux îles du Cap-Vert, et de là jusqu'à une latitude de 3° nord et 15° ouest. Le trait le plus saillant de cette section a été celui d'une diminution progressive dans l'épaisseur de la couche au-dessus de 4° de température, malgré une augmentation progressive dans la température à la surface de 22° à 26° à mesure qu'on s'approche de l'équateur. Ainsi, la ligne isotherme de 4°, qui se trouve à Madère à 900 brasses de profondeur, et qui à moitié chemin, vers le cap de Saint-Vincent, est à environ 950 brasses, s'élève à Saint-Vincent à 650 brasses, puis à l'équateur n'est plus qu'à une profondeur de 300 brasses, au-dessous de laquelle, jusqu'à 2,500 brasses, toute la couche inférieure a une température qui s'abaisse graduellement de 4° à 2°.

Cette diminution d'épaisseur de la couche la plus élevée et la plus chaude dans la zone équatoriale, est encore plus marquée dans la section suivante; elle a été relevée en coupant obliquement l'équateur depuis l'endroit appelé les Rochers de Saint-Paul, à peu près à une longitude de 30° ouest sur l'équateur, et de là, en gagnant l'île de Fernando-Noronha, à peu près à 4° au sud de la ligne, et en longitude à 32° 1/2 ouest, puis de là à Pernambouque, jusqu'à 7° 1/2 de latitude sud. Dans cette section, le peu d'épaisseur de la couche située au-dessus de la ligne isotherme de 4°, offre un contraste frappant avec l'épaisseur de la section de Ténériffe à Saint-Thomas, car cette ligne isotherme, entre Fernando-Noronha et Pernambouque, s'élève jusqu'à 300 brasses de la surface. Là, il existe une division entre les bassins de l'est et de l'ouest, formée par une chaîne qui paraît être la continuation de l'élévation du Dauphin ; la profondeur moyenne du bassin est de 2,500 brasses, et sa température, au fond, s'approche à très-peu près de 2° ; mais dans le bassin ouest, la température de 2° se trouve environ à 1,800 brasses ; il y a ensuite une réduction progressive, et on trouve 1°, 1 à 2,275 brasses et 0°, 2 à 2,475 brasses. Ainsi, le fond est recouvert par une couche d'une épaisseur de 600 brasses, dont la température au-dessous des couches du fond, à l'exception de celles de la portion intertropicale du nord de l'Atlantique, est assez basse pour indiquer clairement la dérivation d'une source antarctique, et on ne trouve nulle part un plus grand contraste, non-seulement entre la chaleur à la surface et le froid au fond, mais entre le peu d'épaisseur de la surface chaude et l'énorme épaisseur de la masse d'eau presque glacée qu'elle recouvre dans cette section équatoriale. De 25° à la surface, le thermomètre, à 100 brasses, touche à 12°, juste comme dans la Méditerranée ; mais, tandis que dans les mers intérieures la température reste constante depuis ce point jusqu'au fond, sous le soleil de l'équateur, elle s'abaisse à 7° à environ 220 brasses, à 4° à 300 brasses, puis de là progressivement à 0°,2 dans une couche de plus de 2,000 brasses d'épaisseur.

Les observations faites sur le *Challenger* ont fait ressortir très-distinctement une autre particularité de l'état physique des eaux équatoriales, particularité sur laquelle le Dr Carpenter avait attiré l'attention dans un discours prononcé le 10 mars 1871 ; elle consiste en ce que l'eau à la surface est beaucoup moins salée ; on s'en aperçoit par la densité, qui se rapproche de la densité du fond, tandis que dans la partie tropique et au delà des tropiques, elle la dépasse de beaucoup. Ainsi, la moyenne des observations entre Saint-Thomas et les Bermudes, a donné 1,0272 pour la densité à la surface, et 1,0263 pour celle au fond ; tandis que la moyenne de soixante-dix observations faites à la surface de l'eau, entre les îles du Cap-Vert et Bahia, a donné une densité de 1,0263, et la moyenne de huit observations au fond de l'eau une densité de 1,0261.

Ce fait vient se joindre à la diminution d'épaisseur de la couche chaude supérieure, pour indiquer d'une manière frappante l'ascension de l'eau des fonds vers la surface ; ce qui, d'après la théorie de la circulation verticale, doit avoir lieu dans les régions équatoriales, où se rencontrent les deux courants polaires sous-marins, tandis que la couche d'eau chaude supérieure est constamment entraînée dans deux directions.

Le *Challenger* a quitté Bahia le 25 septembre; il a suivi la côte de l'Amérique du Sud jusqu'aux îles d'Abrolhos, à la latitude de 20° sud ; de là il fit voile obliquement dans l'Atlantique du sud jusqu'à Tristan-d'Acunha, à la latitude de 36° sud ; puis, à peu près sur le même parallèle, il s'est dirigé vers le cap de Bonne-Espérance, où il est arrivé à la fin d'octobre. Cette section fait voir aussi une division bien tranchée de l'Atlantique du sud en deux bassins; l'île de Tristan d'Acunha forme le point culminant d'une chaîne qui, très-probablement, s'étend au nord jusqu'à l'élévation du Dauphin. La plus grande profondeur trouvée dans le bassin ouest a été de 2,250 brasses, et la plus basse température du fond de 0°,61; la plus grande profondeur trouvée dans le bassin est a été de 2,650 brasses, et la plus basse température de 0°50. On devait s'attendre à ce que les températures du fond dans le bassin de l'ouest seraient plus basses que celles de la section équatoriale au lieu d'être plus élevées, puisque l'eau glaciale du dernier doit y être arrivée par quelque canal profond, probablement non loin de la côte Amérique du Sud. Si l'on n'a rien trouvé dans ce sens, on doit l'attribuer à ce qu'il n'a pas été possible de faire les sondages de température, dans ce bassin, à des intervalles rapprochés ; quelques-uns ont même été faits à 600 milles de distance, de sorte que le canal en question peut s'être trouvé compris entre deux sondages. L'existence d'un courant inférieur plus froid que celui qui réduit les températures des parties les plus profondes du bassin Atlantique sud, ressort de ce fait que la ligne isotherme de 2° s'élève quelquefois jusqu'à 1,500 brasses ; ainsi, une couche d'eau à 2° ou 1° recouvre le lit de la mer de l'Atlantique sud à une profondeur de 1,000 brasses au plus.

La partie supérieure de cette section offre beaucoup d'intérêt, si on la compare avec la section équatoriale d'une part et avec les sections de l'Atlantique nord d'autre part. A mesure que la distance à l'équateur augmentait, la température à la surface diminuait rapidement, quoique l'on fût près d'entrer dans l'été de l'hémisphère sud ; ainsi, à Tristan-d'Acunha, la température de la surface était de près de 11°. On descend de ce point à 4° d'une manière lente et uniforme ; et alors la ligne isotherme de 4° s'éloigne de la surface et gagne une profondeur de 400 à 500 brasses. C'est un fait digne de remarque que l'excès d'épaisseur de cette couche chaude supérieure sur celle de la zone équatoriale, tandis que la quantité de chaleur qu'elle contient est si inférieure ; d'autre part, l'infériorité de la couche, en égard tant à l'épaisseur qu'à la quantité de chaleur qu'elle contient, sur celle de la section Atlantique nord, à environ la même distance de l'équateur, est encore plus remarquable.

Tous ces faits sont mis en évidence dans la coupe générale qui a été tracée par le Dr Carpenter, d'après des sondages choisis de manière à se trouver à peu près dans la même direction nord et sud.

Occupons-nous maintenant de la discussion raisonnée

des phénomènes. Nous sommes suffisamment éclairés pour admettre comme un principe résultant à la fois de la théorie et de l'observation que toute eau dont la température est plus froide que la température moyenne de l'hiver à sa latitude, doit provenir d'une source à une plus grande distance qu'elle de l'équateur, et que, si cette eau est à la température de la glace, elle doit provenir d'une zone polaire. Car, supposons qu'une surface de 100 milles de diamètre soit enfermée quelque part dans l'Atlantique par un cercle de récifs s'élevant du fond jusqu'à 30 brasses de la surface, puis rappelons-nous l'état thermal de la Méditerranée, de la mer de Sulu et du golfe de Suez (dont la température a été trouvée par le capitaine Nare comme étant uniforme et de 2° au mois de février, depuis la surface jusqu'à son fond à 450 brasses), nous serons autorisés à affirmer que la température de notre surface serait en hiver uniforme depuis le haut jusqu'au fond, et qu'en été la surface supérieure serait surchauffée.

Ainsi, si une surface semblable était renfermée entre les rochers de Saint-Paul et de Fernando-Noronha, sa température certainement ne serait pas inférieure à 21°, et probablement s'élèverait à 24° de la surface jusqu'au fond; mais comme nous trouvons qu'à 100 brasses elle est de 9° plus basse, à 220 brasses de 14°, à 320 brasses de 19°, et depuis 350 brasses jusqu'au fond à environ 2,470 brasses de près de 22° plus basse, nous sommes autorisés à dire avec certitude : 1° que presque toute la masse d'eau depuis 300 brasses jusqu'en bas, doit provenir de quelque source polaire; 2° que même la couche superficielle entre 300 et 100 brasses a éprouvé une grande réduction de température par un mélange avec les eaux polaires.

Supposons encore une surface semblable séparée du bassin de l'Atlantique dans le voisinage de Tristan-d'Acunha; sa température uniforme à une petite profondeur, au-dessous de la surface, serait d'environ 10° ; mais puisqu'en nous abaissant au-dessous de 350 brasses, la température est plus basse d'environ 6° à 9°, nous sommes autorisés à dire que cette couche adjacente de plus de 2,000 brasses d'épaisseur doit provenir d'une source beaucoup plus éloignée de l'équateur.

Si enfin notre surface isolée était située au milieu de l'espace compris entre les Bermudes et les Açores, on pourrait s'attendre à trouver que sa température uniforme serait d'environ 15°, et l'on trouve, après avoir traversé la couche surchauffée, qu'il en existe une de plus de 15°, qui s'étend en descendant jusqu'à plus de 300 brasses de profondeur, et que la réduction de température, au-dessous du point normal, qui indique un mélange d'eau froide, ne se fait sentir qu'au-dessous de cette profondeur. De là, nous devons conclure que la couche supérieure est venue d'une localité plus chaude, et que la température de la couche inférieure a été bien certainement réduite par de l'eau provenant d'une source plus froide.

Si enfin nous avions une surface isolée de la même façon dans le voisinage des îles de Féroe, sa température uniforme serait certainement inférieure à 4° ; mais là nous trouvons, à l'extrémité du bassin atlantique, une couche dont la température descend de 9° à 4°, et qui s'étend en descendant jusqu'à 700 brasses au moins ; mais la moitié inférieure du canal qui s'étend entre le rivage des îles de Féroe et celui des îles de Shetland, est occupée par un courant glacial dont la température descend de 0 vers 261 brasses. Et ici, il est encore d'une évidence positive que l'épaisse couche plus chaude que la température normale vient d'une source nord. En réunissant dans une section les sondages de température de la *Procupine* relevés entre les îles de Féroe et la côte de Portugal, le Dr Carpenter a fait ressortir avec évidence que la continuité de toute la couche supérieure existe entre ces points, en descendant jusqu'à 700 brasses, et qu'il n'y a que très-peu de perte de chaleur, excepté dans la couche superficielle. Et cette continuité, par suite de laquelle un volume d'eau d'une température au-dessous de la température normale de la côte de Portugal descend au-dessous de la normale aux îles de Féroe, ne peut s'expliquer que par un mouvement lent de cette eau vers le nord à 700 brasses au moins en dessous.

Maintenant, puisque le courant réel du golfe ou de la Floride n'a pas même, après sa rapide traversée près de Sandy-Hook, une profondeur de plus de 100 brasses, et puisque cette profondeur diminue graduellement à mesure qu'il s'étend en éventail au-dessus d'Halifax, de telle sorte que, au milieu de l'Atlantique, il ne se révèle ni par son mouvement, ni par sa température, il paraît qu'il n'y a pas de motif pour attribuer à son influence le mouvement vers le nord de toute la couche supérieure de l'Atlantique, mouvement qui est rendu sensible par les lignes isothermales existant de Terre-Neuve à la côte d'Irlande, et par les sondages de la *Procupine* à une profondeur d'au moins 700 brasses. D'un autre côté, ce mouvement vers le nord est en concordance exacte avec la théorie de la circulation océanique générale fondée sur les différences thermales; le mouvement vers le nord est le complément nécessaire du mouvement vers le sud de la couche inférieure, et le dernier a été mis en évidence par le *Challenger*.

Dès lors, la température de la couche supérieure s'élevant sur le parallèle entre 30° et 40° de latitude nord, par suite du reflux du courant équatorial qui semble augmenter la grande épaisseur de la couche entre 18 et 15° dont on a déjà parlé, il en résulte que la puissance calorifique de la couche supérieure est augmentée lorsqu'on passe à une latitude plus élevée. Et par suite de cette augmentation, l'amélioration du climat des îles Britanniques, de la côte de Norwége, etc., provenant d'une circulation verticale océanique, doit être considérée comme plus influente que le transport des eaux de l'équateur par suite des vents alizés.

Plusieurs faits indiquent que la couche inférieure des eaux de l'Atlantique a un mouvement sensible, quoique lent, vers l'équateur.

Ainsi les montagnes de glaces bien connues qui traversent le courant du golfe jusqu'à Terre-Neuve, lui doivent leur transport, et sont entraînées par lui vers le sud; cela ne peut avoir lieu que par suite du mouvement vers le midi de la couche plus profonde dans laquelle plonge la partie inférieure de la masse, qui l'emporte sur l'action du courant supérieur, absolument comme dans les détroits de la mer Noire, l'action des courants inférieurs sur les amarres d'une bouée est en opposition avec le courant à la surface où elle flotte. C'est ainsi qu'une bouée attachée à l'extrémité du câble brisé de l'*Atlantique*, en 1865, a marché vers le sud de 600 milles nautiques, en soixante seize jours, contre le courant du golfe; on doit penser qu'elle obéissait à l'action inférieure de la longue amarre à laquelle elle était fixée.

Les courbes de température du *Challenger* donnent une autre preuve du même fait, très-remarquable. En effet, ainsi qu'on l'a déjà dit, elles démontrent la continuité de la bande froide qui sépare le Gulf-Stream de la côte d'Amérique avec la couche froide du courant du golfe. Cette continuité avait déjà été indiquée dans le lever hydrographique des côtes des États-Unis qui dessine sa marche à travers le canal de la Floride, où il existe la preuve d'un courant sous-marin glacial, et sur quelques autres endroits encore, à certaines profondeurs. Il en ressort clairement que la bande froide provient de l'élévation de la couche inférieure de l'Atlantique le long de la pente ouest du bassin. Et l'on trouve une cause fondée de cette élévation dans la rotation de la terre, si cette couche a un mouvement qui lui soit propre du pôle à l'équateur. Car, de même que le Gulf-Stream et toute la couche supérieure chaude qui a un mouvement au nord, tend continuellement vers l'est, par suite de l'excès du mouvement puisé dans la partie du globe où le mouvement rotatoire est plus rapide, de même la couche inférieure froide, si elle se meut vers l'est, venant d'une partie du globe où le mouvement rotatoire est moins rapide, aura une infériorité de mouvement vers l'est, ou, en d'autres termes, tendra vers l'ouest.

Ce fait n'est pas isolé. Le capitaine Saint-John, après des travaux de quelques années dans les mers du Japon, a dit au Dr Carpenter qu'une bande froide semblable sépare de la côte est du Japon le Kuro-Siwo (ou courant chaud du Japon, qu'on appelle quelquefois le courant du golfe du Pacifique). Et le Dr Meyer, de Kiel, qui s'est occupé pendant quelque temps de l'étude de l'état physique de la Baltique, de la mer du Nord et des détroits qui les joignent, a rendu compte de ce fait remarquable : c'est que, tandis que la plus grande partie de la mer du Nord forme une plate-forme d'un peu moins de 100 brasses de profondeur, qui entoure les îles Britanniques, et qui sert (ainsi que l'a déjà affirmé le Dr Carpenter) comme de ligne de côte à l'eau glaciale qui, à une profondeur de 200 brasses, la borde au nord d'un autre côté, il y a un canal le long de la côte de Norwége et de Suède, assez profond pour recevoir un courant des mers polaires; il s'étend jusqu'au sud du Skager-Rack; ce courant froid s'élève ensuite sur le bord ouest du canal, et franchit le lit de la mer du Nord jusqu'au banc de Dogger; la température de cette pente est ainsi réduite d'au moins six degrés au-dessous de celle de l'ouest, et la différence peut s'observer à de très-petites distances.

Ainsi voilà beaucoup de faits qui pourraient paraître des

anomalies, et qui sont d'accord avec la théorie générale. Cet accord permet de prédire tous les faits particuliers; tous les hommes versés dans la physique l'ont reconnu; ainsi, le Dr Carpenter ne doute pas que cette théorie ne doive être acceptée. Il avait prévu que ses idées seraient confirmées par les courbes de température du *Challenger* prises entre le cap de Bonne-Espérance et Melbourne, et par celles prises au nord et au sud entre la terre de Kerguelen et la barrière de glace de l'Antarctique ; c'est à la suite de ses instances que la recherche de ces sections a été décidée, comme devant donner les renseignements les plus concluants.

HISTOIRE DU TIBRE.

TERRAINS ET GRAVIERS QUATERNAIRES DE LA VALLÉE DU TIBRE

PAR

M. RAPHAEL DE ROSSI.

Ce que M. Belgrand et M. Tylor ont fait pour la Somme et la Seine, ce que M. le professeur Ramsay a fait pour le Rhin et la vallée du Rhin, M. le professeur Raphaël de Rossi l'a fait pour la vallée du Tibre, dans un mémoire lu le 12 avril 1871 à l'Académie des *Nuovi Lyncei* et qui a pour titre : *Revue d'un opuscule de l'architecte Spirite Aubert, intitulé : « Rome et l'inondation du Tibre, au double point de vue historique et géologique. »* Ses conclusions sont très-nettes, et, quoique ce ne soit encore qu'un premier essai, elles jettent un jour inattendu sur la date réelle de l'époque quaternaire. Nous allons l'analyser très-rapidement. Pour le Tibre, comme pour la Somme et la Seine, on constate que les dépôts et les érosions se manifestent à 30 mètres au-dessus du niveau moyen actuel du cours du fleuve, et il en résulte clairement et indubitablement que les coupes et les creux des collines de Rome sont l'œuvre de la masse d'eau dont le Tibre était si riche, à l'époque appelée *quaternaire* par les géologues. La durée et la distance de cette époque, dans les temps historiques, est un des plus difficiles et des plus importants problèmes de la science. C'est une question jugée presque insoluble par les géologues qui, de parti pris, semblent vouloir reléguer cette vaste période tellurique dans la nuit impénétrable de temps très-lointains. A un si grand problème, qui intéresse non-seulement une région, mais le globe terraqueux tout entier, je ne prétends pas aujourd'hui, en traitant d'un seul fleuve, ou même d'une petite partie du cours de ce fleuve, en donner la solution ; je puis cependant suggérer quelques réflexions et rapprocher quelques dates non encore remarquées, qui commenceront à jeter quelque jour sur ce grand problème, au moins pour le sol romain. Laissant de côté pour le moment la question de la durée de la période quaternaire, ou, pour nous, la détermination de la durée du temps que le Tibre peut avoir employé pour creuser la vallée de Rome, attachons-nous à rechercher la distance des temps dans lesquels ce grand fleuve remplissait majestueusement toute la largeur de la vallée, aux temps où Romulus se fixa sur les rives de son lit réduit à des proportions peut-être très-peu dissemblables de ses proportions actuelles. Alors qu'il remplissait la vallée entière au lieu de serpenter dans le fond, et quelle que fût la pente de son cours vers la mer, le Tibre avait son lit en ligne droite, comme la vallée elle-même, et devait couler plus ou moins semblable à un torrent. Il est aussi facile de comprendre combien devait être augmentée la force du courant alors que survenaient les crues des saisons, crues dont nous retrouvons les traces à trente mètres au-dessus du niveau moyen actuel du fleuve, avec quelle énergie il devait creuser et élargir la vallée ou son lit gigantesque. Ce travail d'érosion a donné au bassin sa forme abrupte actuelle. Plus tard, descendu de son niveau si élevé, se réduisant à serpenter dans la vallée, il laissa dans les parties moins déprimées de cette même vallée les étangs et les lacs si célèbres de Velabre, le lac Curzio, les marais du *Vada Terente* et mille autres anonymes qu'il entourait et s'incorporait dans chaque crue d'hiver. Ce que la physique du globe enseigne est pleinement attesté par les anciens écrivains, lesquels parlent expressément de la réunion des étangs au fleuve à l'époque des grandes crues. Dans cet état, évidemment la nature du fleuve avait changé ; en serpentant, il ralentissait son cours, et cessait d'être torrent. Dans ses crues, plus limitées que celles des temps antérieurs, il pouvait se répandre comme il le fait aujourd'hui dans toute la vallée, et, au lieu de creuser et d'élargir son lit, il devait au contraire commencer l'œuvre du colmatage ou comblage des marais, la construction ou l'élévation de nouvelles rives. Ce remplissage n'était pas ou était à peine commencé à l'époque de la fondation de Rome, alors que tous les marais étaient encore navigables. Il n'y avait donc que peu de temps que le fleuve avait changé de nature, et le temps aussi n'était pas loin où il occupait son lit quaternaire tout entier. Cette conclusion me semble confirmée par des documents historiques. C'est un fait positif, incontestablement vérifié, que les graviers déposés par le Tibre quaternaire contiennent des armes en silex appartenant à la période la plus ancienne, dite *archéolithique*, de l'époque de la pierre. Ce fait démontre jusqu'à l'évidence que l'homme habitait ces contrées quand le fleuve coulait à son niveau le plus élevé et opérait l'érosion du bassin de Rome. Nous n'avions cependant pas jusqu'ici de données pour savoir à quelle distance des temps historiques avaient vécu ces tribus préhistoriques. Quelques indices m'ont conduit à émettre l'opinion que ces peuples sont ou les aborigènes connus dans l'histoire, ou leurs ancêtres les plus proches. Aujourd'hui, il me semble possible de démontrer que ces peuples furent les prédécesseurs très-rapprochés des fondateurs de Rome, parlant l'idiome archaïque latin. La démonstration me semble ressortir clairement des noms et des notions du Tibre laissés par les premiers Latins, noms qui font évidemment allusion à l'état torrentiel, érosif et quaternaire de ce fleuve, et non à sa nouvelle nature de fleuve calme et colmateur. Premièrement, tous les historiens antiques s'accordent à rappeler qu'avant de s'appeler Tibre, ce fleuve s'appelait Albula (blanchâtre), et que ce nom a sa raison d'être dans deux caractères : l'un était la blancheur et la limpidité de ses eaux ; l'autre sa provenance des montagnes blanches, c'est-à-dire couvertes ou presque toujours couvertes de neige. La blancheur des eaux qu'on louait dans le Tibre contraste fortement avec son aspect boueux et avec son autre célèbre épithète de *jaune* (flavus). Mais la limpidité de ces eaux s'accorde bien avec la provenance des montagnes blanches, et fait allusion clairement aux temps où les eaux du Tibre provenaient directement de la fonte des neiges ou des glaces, en si grande quantité qu'elle dissimulait la couleur des sables. Il entraînait le plus ordinairement le gros gravier, qui contribue puissamment à maintenir blanches et écumeuses les eaux des torrents. Ce n'est pas tout : Servius nous apprend que dans les livres rituels, dans lesquels se conservent les souvenirs les plus reculés et les plus sacrés des peuples, le Tibre, après le nom d'*Albula*, s'est appelé aussi *Serra*, c'est-à-dire la *Scie*, en raison de sa grande force érosive ; et que, par la même raison, on l'a nommé encore *Rumon*, nom qui, dans la langue latine primitive, signifie *rongeur, incisif*. Ce n'est pas, je le crois, par un pur hasard que les trois noms du Tibre, dans les temps antéromains mentionnés par des écrivains ignorants qui ne pouvaient prévoir nos découvertes géologiques, soient trois dénominations si bien appropriées à l'état quaternaire et torrentiel du Tibre. Je crois pouvoir en conclure que les noms descriptifs de l'état quaternaire du Tibre dans la langue archaïque sinon latine, et dans les temps incertains, mais qui précèdent immédiatement les origines de Rome, peuvent être considérés comme un indice historique de l'époque non éloignée, mais au contraire quasi-historique, à assigner au déclin au moins de l'état quaternaire du Tibre. Et cet argument historico-philologique a d'autant plus de valeur qu'il correspond à l'observation purement physique dont il a été question plus haut, du non-remplissage des lacs et des étangs, malgré la fréquence et l'importance des inondations au temps de la fondation de Rome...

Les géologues connaissent l'embouchure quaternaire du Tibre, et nous la montrent ayant pour limite à droite la colline de la Magliana, et à gauche la colline du Dragoncello. Les historiens placent cette embouchure à l'époque d'Ancus Martius, l'an de Rome 118, 640 avant J.-C., au lieu où ce roi fonda la ville d'Ostie. Les ingénieurs modernes ont évalué le progrès des atterrissements, d'Ancus Martius à Septime Sévère, à 9 mètres en moyenne. Le Canina a reconnu le lieu où Énée fonda la Troye du Latium. Or, ce lieu est précisément la pointe la plus avancée des collines du Dragoncello, c'est-à-dire la rive même de l'embouchure quaternaire du Tibre. Cette coïncidence entre le lieu *ubi primum constitit Æneas*, lieu qui, d'après tous les documents, semble avoir été le point de son débarquement dans le Latium, et l'embouchure quaternaire du Tibre, assigne indubitablement une date approximative, ou plutôt une date historique, à l'époque à laquelle l'embouchure primitive et diluvienne du Tibre était encore en activité. On calcule que l'arrivée d'Énée remonte à treize siècles environ avant l'ère chrétienne; nous pouvons donc dire qu'à cette époque, le Tibre sortait encore de son embouchure quaternaire. Cette date, très-importante pour la géologie et pour l'histoire, est confirmée encore par d'autres faits et d'autres souvenirs relatifs aux premiers pas d'Énée sur le territoire Laurentien. Ce héros, suivant l'oracle de Delphes, devait aborder en Italie sur un point où il trouverait deux mers : mers qu'il trouva, en effet, en débarquant sur la terre du Latium, et entre lesquelles il fonda Lavinium. Une minutieuse analyse prouve réellement que le spectateur placé à Lavinium, sur les berges du Tibre, avait sous les yeux une double mer. Le fait qu'Énée, à peine débarqué, vit deux mers, entre lesquelles il fonda Lavinium, est une preuve nouvelle qu'il débarqua à l'embouchure quaternaire du Tibre, au-dessous de Dragoncello.

Le fait, suffisamment démontré par tout ce qui précède, que l'embouchure quaternaire du Tibre était en activité à l'arrivée d'Énée, peut servir à l'étude de la progression chronologique de cette embouchure. Troye est à 1 kilomètre et demi de l'Ostie d'Ancus Martius. A la même distance à peu près d'Ostie, se trouve la tour *Bovacciana*, où se trouvait l'embouchure du Tibre au temps de Septime Sévère. A une distance un peu plus grande de ce point, se trouve la tour Saint-Michel, élevée par saint Pie V, en 1559. La mer s'est encore éloignée d'un kilomètre depuis le XVIᵉ siècle. D'Énée à Ancus Martius, il s'est écoulé à peu près sept siècles; d'Ancus Martius à Septime Sévère, huit siècles et demi; de Septime Sévère à saint Pie V, un peu plus de douze siècles. Dans ces trois périodes, la marche de l'embouchure fut à peu près la même. Elle a été plus rapide dans la période moderne, puisqu'elle a été d'un kilomètre en trois siècles seulement. Les deux premières périodes ont eu à peu près la même durée, mais elles ont dû différer beaucoup par la quantité des matières transportées. A son embouchure quaternaire, le !Tibre déchargeait nécessairement, comme nous l'avons dit, de grandes masses de détritus, tandis qu'à l'embouchure d'Ostie le fleuve, réduit à des proportions plus limitées, ne pouvait pas être aussi riche en matériaux. Mais si l'on considère que le fleuve quaternaire eut à combler la profondeur entière de la faille, on aura la raison suffisante du fait, au premier abord très-surprenant, de l'égalité de marche dans les deux premières périodes. Dans la troisième, entre Septime Sévère et saint Pie V, l'atterrissement se ralentit, puisqu'un même travail exige douze siècles : et voilà comment est rendu sensible le fait de l'appauvrissement du fleuve en matériaux transportés. Dans la quatrième période enfin, c'est-à-dire à l'époque actuelle, la marche des atterrissements a atteint son maximum. Mais ce maximum n'est qu'apparent, parce que l'atterrissement a cessé d'être général, de s'étendre à toute la plage; il se limite au seul point de l'embouchure, par suite, précisément, de la diminution incessante des apports du fleuve. Il a aussi perdu et va perdant sans cesse de sa pente, ce qui fait qu'il abandonne nécessairement plutôt ses sables et les accumule tout près de l'embouchure, sur le vaste lit ou sur le bas-fond déjà préparé sous l'eau par les grandes crues quaternaires, et par les courants d'autant plus énergiques que leur parcours était moins long dans les temps passés. De là résulte le prolongement de la terre plus accumulée vers l'embouchure, et en forme de pointe. C'est ainsi que peu de matières charriées produisent un grand prolongement local des berges du fleuve en avant dans la mer, et prolonge sur une vaste échelle le cours du fleuve.

Quant aux inondations de la vallée du Tibre, nous sommes en possession de documents qui nous permettent d'affirmer que dans les temps anciens, vers l'époque quaternaire, elles étaient beaucoup plus nombreuses, et atteignaient des niveaux beaucoup plus élevés. Il n'était pas rare alors de voir l'eau atteindre des hauteurs de 18 mètres et plus. De 1400 à l'époque actuelle, les grandes inondations ont lieu dans la proportion de cinq à six par siècle. Au temps de la Rome républicaine, de l'année 505 à l'année 531 de la fondation de Rome, les grandes inondations comptaient parmi les phénomènes extraordinaires, scrupuleusement enregistrés sous le nom de *prodiges* par les pontifes et accompagnés de sacrifices. Or, et quoique beaucoup de documents se soient entièrement perdus, dans ce court espace de temps, nous trouvons treize grandes inondations ayant dépassé des niveaux de 20 mètres. La différence entre ces nombres et ceux des temps modernes est si grande, qu'elle accuse des conditions toutes différentes dans le régime du fleuve et dans le climat de la contrée. Dans la seule année 565, le Tibre sortit douze fois de son lit. On sait en outre combien de fois, dans ce même espace de temps, les historiens ont mentionné des chutes extraordinaires de neige, d'une épaisseur très-grande, et qui restaient quelquefois quarante jours sans se fondre. Dans le cinquième siècle de la fondation de Rome, le Tibre fut congelé deux fois. Ces phénomènes si enchaînés et si fréquents ne permettent pas de douter qu'en effet, à cette époque, le régime du fleuve était très-différent de ce qu'il est aujourd'hui, et correspondait à un climat à la fois plus rigoureux et plus humide, qui le rendait très-riche en eau. L'abondance des eaux peut avoir contribué à l'état boisé du sol. Mais je crois voir plutôt que cet ensemble de phénomènes est la conséquence naturelle du fait que cette époque était très-voisine de celle où le fleuve gardait encore sa nature quaternaire. La période quaternaire n'a certainement pas fini tout d'un coup, et rien, dans tous les faits que nous venons de rappeler, ne s'oppose à ce que le régime diluvien se soit effacé peu à peu, graduellement, dans un temps relativement récent.

En résumé : 1° l'orographie du bassin de Rome, l'état de ses marais à l'époque de la fondation de la ville éternelle, joint à l'examen philologique des noms primitifs du Tibre, indiquent que cette fondation n'est pas très-éloignée de la période quaternaire ; 2° l'examen de l'embouchure du Tibre, rencontrée en son lieu primitif, quand son régime était encore diluvien, à une époque presque historique, met en évidence le même fait ; 3° quand on considère le régime antique du fleuve, caractérisé par l'abondance de ses eaux et la fréquence de ses inondations, en coïncidence avec un climat évidemment plus rude que le climat actuel, on ne peut pas ne pas reconnaître que la période quaternaire est plus voisine de l'ère moderne qu'on n'aurait osé le croire jusqu'ici. En réalité, l'ensemble de toutes ces observations conduit invinciblement à cette conéquence : que la période quaternaire du Tibre, au moins dans sa dernière phase, est renfermée dans les temps historiques. Ces conclusions, cette théorie, peuvent sembler aujourd'hui trop hardies ; mais, bientôt peut-être, un examen plus étendu et plus rigoureux de tous les faits relatifs à cette question leur donnera les caractères de la certitude absolue et les fera accepter par tous.

Un écrivain qui s'affirme chrétien et catholique, et qui l'est réellement, M. François Lenormant, dans un article intitulé l'*Homme fossile*, inséré dans la *Revue Britannique*, livraison du 15 mars 1872, s'est cru autorisé à faire aux géologues et aux paléontologistes modernes, sur la grande question de l'antiquité de l'homme, toutes les concessions imaginables.

« La paléontologie humaine, dit-il page 94, nous reporte à une antiquité qu'on ne saurait, du moins quant à présent, évaluer en années ni en siècles..... Elle fait suivre les plus antiques représentants de notre espèce au travers des dernières révolutions de l'écorce terrestre, par delà plusieurs changements profonds des continents et des climats, et dans des conditions de vie très-différentes de celles de l'espèce actuelle..... Les plus antiques vestiges de l'homme se montrent à nos regards vers le milieu de l'époque tertiaire, dans les étages supérieurs du groupe de terrains désigné sus le nom de *miocène*. De grandes vraisemblances, empruntées au caractère spécial de la faune de cet âge et à ses rapport avec la faune actuelle, semblent indiquer que c'est vers ce temps qu'il doit avoir fait son apparition sur la terre. »

M. Lenormant croit que tout cela ne donne pas un démenti formel au récit de la Bible (page 130) ; « qu'au contraire (page 31), la vie des hommes, dont les terrains tertiaires et quaternaires ont conservé les vestiges, est, même dans ses détails, celle que le récit de la Bible attribue aux premières générations humaines après la sortie du paradis terrestre ; qu'en réalité, la loi du progrès continu, qui sort si lumineuse (!) des recherches de la paléontologie humaine et de l'archéologie préhistorique, n'a rien d'incompatible avec les croyances chrétiennes; » que le contraire n'a pu être affirmé que par une école, l'école de M. de Maistre, à laquelle il se fait gloire de ne pas appartenir. Et pour dissiper les sentiments de crainte et de défiance qu'inspirent aux hommes religieux les cris de triomphe des adversaires de la révélation, il invoque le fait suivant (p. 125) : « Un éclatant exemple serait pourtant de nature à les rassurer : c'est celui de la haute protection que le Souverain Pontife a accordée aux belles recherches de M. Michel de Rossi sur l'humanité quaternaire des environs de Rome. Le pape Pie IX n'a rien vu de contraire à la foi dans ces études et dans les résultats auxquels elles conduisent, et les catholiques de France n'ont pas de raison d'être ici plus scrupuleux et plus timorés que le Pape. » Je laisse à M. François Lenormant, que je connais et que j'estime, ses convictions nouvelles; je pardonne, non sans quelque difficulté, à l'auteur du *Manuel d'histoire ancienne* d'avoir immolé l'histoire et l'archéologie sur l'autel de la géologie, mais je ne puis permettre qu'il abrite l'homme tertiaire et miocène sous l'autorité de M. Michel de Rossi, et surtout sous l'autorité du Souverain Pontife.

Nos lecteurs viennent de voir que les recherches de M. de Rossi l'ont conduit invinciblement à nier l'homme tertiaire ou miocène, et à affirmer, avec une sorte de certitude déjà, que l'époque quaternaire et par conséquent l'homme quaternaire touchent aux temps historiques, remontent à peine à 15 ou 1800 ans avant l'ère chrétienne, et rentrent par conséquent dans les limites de la chronologie de la Bible, même hébraïque. Là est, en effet, la vérité ; nous le démontrerons ailleurs. La démonstration est en grande partie le résultat des belles études de notre savant ami M. Michel de Rossi, et voilà pourquoi le Souverain Pontife les a tant encouragées.

Dans un livre tout récent : Les origines de la Terre et de l'Homme, *d'après la Bible et d'après la science*, ou Hexaméron génésiaque *considéré dans ses rapports avec les enseignements de la philosophie, de la géologie, de la paléontologie et de l'archéologie préhistoriques* (in-8°, xii-500 pages. Toulouse, E. Privat ; Paris, E. Thorin et Périsse frères), livre très-savant, au point de vue surtout de l'exégèse, qu'on lira avec intérêt et, l'auteur l'espère du moins, avec fruit, parce qu'il tente une conciliation infiniment désirable, M. l'abbé Fabre d'Envieu, professeur d'Écriture sainte à la Faculté de théologie de Paris, a cru de son côté pouvoir faire à l'école moderne toutes les concessions de M. François Lenormand. Il n'hésite pas, p. 454, à formuler la proposition suivante : Prop. XX. « L'archéologie préhistorique et la paléontologie peuvent, sans se mettre en opposition avec la sainte Écriture, découvrir, dans les terrains tertiaires et dans la première partie de l'époque quaternaire, les traces des préadamites... La révélation biblique nous laisse libres d'admettre l'homme du diluvium gris, l'homme pliocène et même l'homme éocène. D'un autre côté, toutefois, les géologues ne sont pas fondés à soutenir que les hommes qui auraient habité sur la terre à ces époques primitives doivent être comptés au nombre de nos aïeux. » Le savant théologien va peut-être plus loin encore dans sa préface, lorsqu'il dit, p. iv : « Il faut reconnaître, je le crois du moins, que les grands progrès faits de nos jours par les sciences physiques tendent à démontrer qu'il y a eu des créations antégénésiaques. La thèse de l'ancienneté de quelque race humaine paraît prouvée. D'autre part, la Bible n'est pas opposée à cette ancienneté, et je ne vois aucune difficulté à l'accepter comme un fait dûment établi. J'admets donc qu'on doit accorder à la terre et au genre humain la haute antiquité que leur attribuent des savants contemporains. Je reconnaîtrai, si l'on veut, que l'homme qui a assisté à quelques-uns des phénomènes géologiques de la PÉRIODE QUATERNAIRE REMONTE A 250,000 ANS. La science peut arriver à la démonstration géologique de cette théorie, je n'en serai nullement ému... Je ne serais nullement effrayé pour ma foi chrétienne si l'on rencontrait des traces humaines dans tous les terrains antérieurs au diluvium. J'admets VOLONTIERS qu'on a trouvé des traces de ce genre dans les terrains de l'époque pliocène. J'apprendrais, sans être ébranlé dans ma foi, que l'homme existait déjà lorsque se déposaient les assises moyennes des terrains tertiaires. Les géologues pourraient même découvrir que l'HOMME HABITA l'étage inférieur des terrains éocènes, je n'en éprouverais aucun embarras. »

Mes convictions sont entièrement opposées à celles de mon savant confrère : je n'admets rien de ce qu'il admet ici, mais je respecte sa courageuse indépendance. Je n'exprimerai qu'une crainte : c'est qu'il est très-possible, peut-être même certain, que les géologues et les paléontologues soient en mesure de démontrer que l'homme des terrains quaternaires, l'homme de Saint-Acheul, est l'ancêtre médiat ou immédiat de l'homme de l'âge de la pierre polie, qui, sur le plateau de Spienne, vivait à la surface du sol et creusait des puits à travers les terrains quaternaires et les sables tertiaires pour aller chercher dans la craie des silex avec lesquels il faisait des armes semblables à celles de l'homme de Saint-Acheul. M. l'abbé Fabre serait alors forcé d'admettre que l'espèce humaine actuelle remonte à 250,000 ans (1) ! Mais, sans aucun doute, il se croit pleinement en mesure de maintenir le second membre de sa proposition 50 : « Les géologues ne sont pas fondés à soutenir que les hommes quaternaires doivent être comptés au nombre de nos aïeux. » Je le souhaite de tout mon cœur, je l'espère; mais, en tout cas, je suis bien plus heureux que l'examen de tous les faits m'ait conduit à cette conclusion certaine : L'homme tertiaire, éocène, pliocène, miocène, est un mythe ; l'homme quaternaire touche aux temps historiques et ne peut être que l'homme déchu, l'homme de la révélation, qui devient aussi l'homme de la science, le descendant d'Adam et de Noé, l'homme postdiluvien. — F. MOIGNO.

LES SIGNAUX DE BROUILLARD

TRANSPARENCE ACOUSTIQUE DE L'ATMOSPHÈRE

PAR

M. JOHN TYNDALL.

M. John Tyndall a publié sous ce titre, dans l'*Observer* anglais de novembre et décembre 1874, un nouvel article dont nous extrayons ce qui suit pour compléter son premier mémoire (p. 1 à 25).

(1) Voici, par exemple, que MM. de Quatrefages et Hamy, dans une note lue à l'Académie des sciences le lundi 2 juin 1873 (*Comptes rendus*, tome LXX, p. 114), disent, en parlant des crânes fossiles des plus anciennes races quaternaires : « Tous deux nous sommes profondément convaincus que ces races ne sont pas éteintes, que leurs descendants sont encore aujourd'hui mêlés ou juxtaposés aux représentants des types plus récents. »

« .....Non-seulement les gaz de différentes densités et l'air à des températures différentes agissent ainsi sur le son, mais on peut montrer par l'expérience que l'air saturé à des degrés différents par des vapeurs de liquides volatils produit le même effet. Sur le passage suivi par l'acide carbonique dans notre première expérience, on a introduit un vase que j'ai souvent employé pour charger l'air de vapeur. On a forcé l'air de traverser un liquide volatil qui remplissait en partie le vase, pour entrer dans la galerie *t t'* (voyez la figure, pages 13 et 14), qui a été ainsi divisée en espaces d'air saturé de vapeur, et en d'autres espaces à leur état ordinaire. L'action d'un pareil milieu sur les ondes sonores qui viennent de la cloche est très-énergique, elle ramène à l'instant la flamme violemment agitée au calme et à la stabilité. En éloignant le milieu hétérogène, on fait revenir le bruit éclatant de la flamme.

Nous donnons ici quelques exemples de l'action d'atmosphères non homogènes produites en saturant des couches d'air avec les vapeurs de liquides volatils.

Bisulfure de carbone. — Flamme très-sensible, et répondant avec bruit au son. L'action de l'atmosphère non homogène sur elle est prompte et forte ; elle calme la flamme agitée.

Chloroforme. — Flamme encore très-sensible; action semblable à la précédente.

Iodure de méthyle. — Action prompte et énergique.

Amylène. — Très-belle action : une flamme courte et violemment agitée a été rendue immédiatement longue et tranquille.

Éther sulfurique. — Action prompte et énergique.

La vapeur d'eau aux températures ordinaires est en si petite quantité et si atténuée, qu'il faut des précautions particulières pour démontrer son action. Mais, avec ces précautions, elle a été trouvée capable de ramener au repos la flamme sensible.

Exemples remarquables d'opacité acoustique.

Dans son excellente conférence intitulée *Wirkungen aus dev Ferne*, Dove a recueilli quelques cas frappants de l'interception du son. Le duc d'Argyll m'a aussi communiqué quelques faits extrêmement intéressants. Mais rien dans les descriptions que j'ai lues n'égale par son intérêt le récit suivant de la bataille de Gain's Farm, que je dois au recteur de l'Université de Virginia :

« Lynchburgh, Virginia, 19 mars 1874.

« Monsieur, je viens de lire avec beaucoup d'intérêt votre conférence du 16 janvier, sur la transparence et l'opacité acoustique de l'atmosphère. Les observations remarquables que vous mentionnez m'engagent à vous rapporter un fait que j'ai cité par occasion, mais toujours là où je n'étais pas bien connu, avec la crainte que ma véracité ne fût mise en question. Ce fait a produit sur moi dans le temps une forte impression ; mais il était resté un mystère insoluble, jusqu'à ce que votre discours m'eut apporté une solution possible.

« Dans l'après-midi du 28 juin 1862, je me rendais à cheval, en compagnie du général G.-W. Randolph, alors secrétaire de la guerre des États confédérés, à Price's house, à environ neuf milles de Richemond. La veille au soir, le général Lee avait commencé son attaque contre l'armée de Mc Clellan, en traversant le Chickahominy, à environ quatre milles au-dessus de Price's, et chassant l'aile droite de Mc Clellan. La bataille de Gain's Farm fut livrée dans l'après-midi du jour dont je parle. La vallée de Chickahominy a environ un mille et demi de largeur du sommet d'une colline à celui d'une autre ; Price est sur l'un des sommets, celui qui est le plus près de Richemond ; Gain's Farm, juste à l'opposé, est sur l'autre sommet atteignant par derrière le plateau à Cold Harbour.

« En regardant à travers la vallée, j'ai vu une grande partie de la bataille, la droite de Lee se tenant dans la vallée, en face de l'aile gauche de l'armée fédérale. J'étais presque sur le prolongement des lignes de bataille. J'ai vu les confédérés s'avancer, être repoussés deux ou trois fois, et, à la chute du jour, les forces fédérées faire leur retraite dernière.

« J'ai vu distinctement les feux de mousqueterie des deux lignes, la fumée, les décharges individuelles, le feu des canons. J'ai vu les batteries d'artillerie des deux côtés entrer en action et faire feu rapidement. Plusieurs batteries de campagne étaient parfaitement en vue de chaque côté. Un plus grand nombre étaient cachées par les arbres qui bornaient la vue.

« Et cependant, en regardant près de deux heures, de 5 à 7 heures d'une soirée d'été, une bataille où 50,000 hommes au moins étaient réellement engagés, et sans doute au moins 100 pièces d'artillerie de campagne, dans une atmosphère aussi limpide que possible, optiquement, *pas un seul bruit de la bataille* n'a pu être entendu du général Randolph, ni de moi. Je le lui fis remarquer dans le moment comme une chose étonnante.

« Entre moi et la bataille s'étendait la vallée large et profonde du Chickahominy, qui est, en partie, un marais placé dans l'ombre, parce que les collines et la forêt à l'ouest (de mon côté) interceptent les rayons du soleil qui descend à l'horizon. Une partie de la vallée de chaque côté du marais est éclairée ; quelques endroits sont en culture, d'autres non. C'étaient bien là des conditions capables de faire que différentes couches d'air, contenant des quantités différentes de vapeur aqueuse (probablement aussi à des températures différentes), fussent disposées comme des lames, perpendiculairement aux ondes sonores qui venaient à moi du champ de bataille.

« A.-G.-H. KEAN. »

J'apprends par une lettre subséquente que pendant la bataille l'air était calme. — J. T.

DE L'ATMOSPHÈRE DANS SES RAPPORTS AVEC LA TRANSMISSION DES SIGNAUX DE BRUME.

Derham, et après lui d'autres auteurs, ont cru que la pluie, en tombant, tendait puissamment à intercepter le son. Une observation du 3 juin, déjà rapportée, tend à jeter du doute sur cette conclusion. Deux autres exemples décisifs suffiront pour démontrer qu'elle n'est pas soutenable. Le 8 octobre, à 7 h. 45 m. du matin, un orage avec tonnerre accompagné d'une violente pluie éclata sur Douvres. Mais les nuages disparurent ensuite, et le soleil brilla fortement sur la mer. Pendant quelque temps la transparence optique de l'atmosphère fut extraordinaire, mais elle était acoustiquement opaque. A 2 h. 30 après-midi, le ciel redevint très-obscur à l'ouest-sud-ouest. La distance étant de 6 milles, et tout étant silencieux à bord, la trompe fut entendue très-faiblement, la sirène plus distinctement, l'obusier mieux que l'un et l'autre, quoique pas beaucoup plus que la sirène.

Un orage venait à nous de l'est. Dans les Alpes ou ailleurs, j'ai vu rarement le ciel plus noir. D'immenses cumuli flottaient au N. E. et au S. E.; des torrents de pluie tombaient à l'O. N. O.; de grands amas de nuages étaient suspendus au N.; mais on pouvait voir des espaces bleus au N. N. E.

A sept milles de distance, la sirène et la trompe étaient

faibles l'un et l'autre, tandis que les canons ne nous envoyaient qu'un bruit très-sourd. Une pluie épaisse enveloppait le cap Foreland.

La pluie finit par nous atteindre ; elle tombait très-serrée sur tout l'espace entre nous et le Foreland. Mais le son, au lieu d'être étouffé, devint sensiblement plus fort. La grêle s'ajouta alors à la pluie, et l'averse acquit une violence tropicale ; les grêlons flottaient sur le tillac inondé. Au milieu de cet orage furieux, les cors et la sirène furent entendus distinctement ; et lorsque l'averse diminua, affaiblissant ainsi le bruit total, les sons devinrent si forts que nous les entendîmes, à une distance de sept milles et demi, plus distinctement qu'ils n'avaient été entendus à cinq milles dans une atmosphère sans pluie.

A 4 heures du soir la pluie avait cessé et le soleil brillait à travers un air calme. A la distance de neuf milles la trompe fut entendue faiblement, la sirène clairement, et l'obusier nous envoya un bruit intense. Tous les sons étaient mieux entendus à cette distance qu'ils ne l'avaient été auparavant à cinq milles et demi ; d'où il suit, par la loi du rapport inverse des carrés, que l'intensité du son à cinq milles et demi de distance avait été rendue trois fois plus grande par la chute de la pluie.

Le 23 octobre, notre bateau à vapeur nous avait quittés pour chercher un abri, et je voulus mettre ce temps à profit pour faire d'autres observations des deux côtés de la station des signaux de brume. M. Douglas, l'ingénieur en chef de Trinity-House, fut assez bon pour entreprendre des observations au N E. du Foreland, tandis que M. Ayres, l'ingénieur assistant, se porta dans l'autre direction. A 12^h 50^m le vent souffla en tempête et fit naître un orage avec tonnerre et une violente pluie. A l'intérieur et au dehors de la station du garde-côte de Cornhill, à un mille des instruments dans la direction de Douvres, M. Ayres entendit le son de la sirène à travers l'orage ; et après que la pluie eut cessé, tous les sons furent entendus distinctement plus forts qu'auparavant. M. Douglas avait envoyé un bâteau devant lui à Kingsdown, et celui qui le conduisait l'attendît quinze minutes avant qu'il arrivât. Pendant ce temps aucun son n'a été entendu, quoique quarante fois on ait fait jouer les sifflets dans l'intervalle ; et le garde-côte en ïaction, observateur exercé, n'a entendu aucun des sons pendant tout le jour. Pendant l'orage et lorsque la pluie tombait avec une violence que M. Douglas décrit comme vraiment torrentielle, les sons redevinrent aptes à être entendus et le furent partout.

En un mot, je n'ai jamais pu reconnaître dans la pluie la moindre influence pour éteindre le son. Et cependant la prétendue barrière opposée par un « gros temps » au passage du son était une des causes qui tendaient à produire de l'hésitation dans l'établissement de signaux sonores sur nos côtes. Il y a donc lieu d'espérer que la suppression de cette erreur tournera à l'avantage des générations à venir de gens de mer.

ACTION DE LA NEIGE.

La neige qui tombe, suivant Derham, est l'obstacle le plus sérieux de tous à la transmission du son. Nous n'avons pas étendu nos expériences du South Foreland à des temps de neige ; mais une observation antérieure qui m'est propre porte directement sur ce point. Dans la nuit de Noël, en 1859, j'arrivai à Chamouni, par une neige si haute qu'elle couvrait les palissades des routes, et qu'elle rendait extrêmement pénible le travail à faire pour arriver au village. Le 25 et le 27 elle tomba lentement. Le 27, pendant une période de calme, j'atteignis Montanvert ayant quelquefois de la neige jusqu'à la poitrine. Le 28, on établit avec une grande difficulté deux lignes de poteaux à travers le glacier, pour déterminer son mouvement pendant l'hiver. Le 29, la note de mon journal écrite le matin porte : « Neige, neige très-épaisse ; elle doit être tombée pendant toute la nuit, la quantité fraîchement tombée est si grande ! »

Dans ces circonstances, je dressai mon théodolite près de la mer de glace ; pour atteindre cette position, j'avais traversé une neige qui arrivait presque à ma poitrine. Des aides furent envoyés à travers le glacier pour mesurer le déplacement d'une ligne transversale de poteaux plantés auparavant dans la neige. Un orage s'éleva de la vallée, obscurcissant l'air à mesure qu'il approchait. Il nous atteignit, et la neige tomba plus épaisse que je ne l'ai jamais vu ailleurs. Elle s'amoncela bientôt sur le théodolite, et forma une couche épaisse sur mes habits. Il y avait donc ici une combinaison de neige dans l'air et de neige tassée et fraîche sur le sol, telle que Derham a pu difficilement en voir ; cependant, au sein d'une pareille atmosphère, j'ai pu faire entendre mes instructions à travers le glacier, la distance étant d'un demi-mille ; l'expérience se fit même en sens contraire par un de mes assistants, qui me fit entendre sa voix.

Les flocons étaient alors si épais que ce n'est que par intervalles que je pouvais apercevoir les formes des hommes. Néanmoins, l'air à travers lequel les flocons tombaient était continu. Les flocons cédaient-ils passivement aux ondes sonores, vibrant comme les particules mêmes de l'air lorsque les ondes du son les traversaient ? Ou bien les ondes s'infléchissaient-elles par diffraction autour des flocons, et émergeaient-elles sans perte sensible ? L'expérience nous vient ici en aide en montrant l'extrême facilité avec laquelle le son se fait un chemin à travers les obstacles, et pénètre les tissus, tant que la continuité de l'air dans leurs interstices est conservée. Un morceau de carton ou de verre, une planche de bois ou la main, placés en travers de l'extrémité ouverte *t'* de la galerie *a b c d* (de la figure des pages 12 et 13) intercepte le son de la cloche, placée dans la boîte P, et rend le calme à la flamme sensible K.

D'un autre côté, un mouchoir de poche ordinaire en batiste, tendu en travers de la galerie, produit difficilement un effet appréciable sur le son. A travers deux épaisseurs du mouchoir la flamme est fortement agitée ; à travers quatre elle est encore agitée ; et à travers six, quoique presque calmée, elle ne l'est pas entièrement.

Si l'on trempe le même mouchoir dans l'eau et qu'on en étende une seule couche mouillée en avant de l'extrémité de la galerie, elle rend la flamme tranquille aussi efficacement que le carton ou le bois. De là la conséquence que les ondes sonores passaient par les interstices de la batiste.

A travers une seule couche de soie fine, le son passe sans interception sensible ; à travers six couches, la flamme est fortement agitée ; à travers douze couches, l'agitation est encore tout à fait perceptible.

Une seule couche de cette soie, lorsqu'elle est mouillée, rend la flamme tranquille.

Une couche de mousseline molle ne produit que peu d'effet sur le son ; une couche de flanelle épaisse est presque aussi inefficace. A travers une seule couche de crêpe vert, le son passe presque aussi librement qu'à travers l'air ; à travers quatre couches de crêpe, l'action est encore sensible. A travers une couche de feutre dur et serré, d'un demi-pouce d'épaisseur, les ondes sonores passent avec assez d'énergie pour agiter la flamme. Je n'ai pas été témoin de ces effets sans étonnement.

Une seule couche fine de soie huilée arrête le son et rend

le calme à la flamme. Une seule couche de peau de batteur d'or fait de même. Une feuille de papier à lettre ordinaire, ou même de papier poste pour l'étranger (papier pelure), arrête le son.

La flamme sensible n'est pas absolument nécessaire pour ces expériences. Suspendez une montre à six pouces de l'oreille, un mouchoir de batiste tendu entre la montre et l'oreille affaiblit à peine le bruit des battements ; une lame d'étoffe huilée ou une colonne de gaz fortement chauffée l'intercepte presque entièrement.

Mais quoique la soie huilée, le papier pelure et même la peau de batteur d'or puissent arrêter le son, il est transmis par une membrane assez mince pour céder librement aux vibrations de l'air. Une lame épaisse d'eau de savon produit un effet sur la flamme sensible ; une lame très-mince n'en produit pas. L'augmentation du son transmis peut être observée, à mesure que le développement des couleurs de la lame indique qu'elle diminue d'épaisseur. Une lame très-mince de collodion agit de la même manière.

Connaissant les faits qui précèdent relatifs au passage du son à travers la batiste, la soie, la mousseline, la flanelle, la serge et le feutre, le lecteur est préparé à admettre que les ondes sonores passent sans empêchement sensible à travers des averses artificielles de pluie, de grêle et de neige. Des gouttes d'eau, des graines, du sable, du son et des flocons de différentes sortes ont été employés pour former de pareilles averses ; à travers toutes ces ondées, comme à travers la pluie et la grêle réelle, ainsi que nous l'avons déjà décrit, comme à travers la neige sur la mer de glace, le son passe sans obstruction sensible.

ACTION DES BROUILLARDS. OBSERVATIONS A LONDRES.

Mais il reste encore à traiter du plus grand ennemi des marins, le brouillard; et ici les conditions convenables de l'expérience ont longtemps manqué. Sur la fin de novembre, nous avons eu plusieurs jours de brume assez épaisse pour obscurcir les falaises blanches du Foreland, mais pas de vrai brouillard. Cependant, dans ces cas, on a eu la preuve évidente que les notions admises relativement à la réflexion du son par les particules suspendues étaient fausses; car, durant plusieurs jours de la brume la plus épaisse, le son était perçu à une distance double de celle des jours de transparence optique parfaite. De pareils faits renversent l'association que jusqu'à présent l'on supposait exister entre la transparence acoustique et la transparence optique, mais ils laissaient indéterminée l'action des brouillards épais.

Le 9 décembre, un brouillard mémorable s'étendit sur Londres. J'adressai un télégramme à Trinity-House, proposant de faire quelques observations avec le canon. On répondit avec une promptitude très-significative qu'elles seraient faites dans l'après-midi à Blackwall. Je partis pour Greenwich dans l'espoir que j'entendrais les canons à travers la rivière; mais le retard du train causé par le brouillard fit que je n'arrivai pas à temps. Le brouillard était très-épais sur la rivière, et l'on entendait avec une grande netteté les différents sons qui la traversaient. La cloche signal d'un bateau qu'on ne voyait pas résonnait clairement par intervalles, et j'ai pu entendre parfaitement les marteaux de forge de Cubitt's Town, à un demi-mille, de l'autre côté de la rivière. On n'a pu reconnaître aucun affaiblissement de son par le brouillard.

A travers ce brouillard et différents bruits locaux, le

capitaine Atkins et M. Edwards ont entendu les coups d'un canon de 12 avec une charge d'une livre, mieux et plus distinctement que ceux d'un canon de 18 avec une charge de trois livres, dans une atmosphère optiquement claire et en l'absence de tout bruit, le 3 juin.

Désireux de faire une meilleure étude d'un phénomène pour lequel nous avions attendu si longtemps, j'ai attaqué le problème par des expériences sur une petite échelle. Le 10, j'ai posté mon assistant avec un sifflet et un tuyau d'orgue dans l'allée au-dessous de l'extrémité sud-ouest du pont qui sépare Hyde-Park de Kensigton-Gardens. De l'extrémité est de la Serpentine, j'ai entendu distinctement et le sifflet et le tuyau d'orgue qui donnait 380 vibrations par seconde. En changeant de place avec mon assistant, j'ai entendu pendant un certain temps le son distinct du sifflet seulement. La note plus grave du tuyau d'orgue est enfin parvenue jusqu'à moi, se faisant entendre quelquefois très-distinctement, d'autres fois redevenant inperceptible. Le sifflet offrait les mêmes intermittences quant à la période, mais dans un sens opposé; car lorsque le son du sifflet était faible, celui du tuyau d'orgue était fort, et *vice versâ*. Pour obtenir la note fondamentale du tuyau, il fallait souffler doucement; en somme, le sifflet s'est montré le plus efficace à traverser le brouillard.

Une quantité extraordinaire de sons remplissait l'air pendant ces expériences. Le bruit retentissant des voies publiques de Bayswater et de Knightsbridge; le son éclatant de la grande cloche de Westminster; les sifflets des chemins de fer qui résonnaient souvent; les signaux de brume qui faisaient explosion aux différentes stations de la métropole, etc., étaient tous entendus avec une intensité extraordinaire. Cela ne pouvait nullement se concilier avec les affirmations faites si catégoriquement sur l'impénétrabilité acoustique d'un brouillard de Londres.

Le 11 décembre, le brouillard étant plus épais qu'auparavant, j'ai entendu chaque son du sifflet, et quelquefois le son du tuyau, à la distance entre le pont et l'extrémité est de la Serpentine. Ayant rejoint mon assistant sur le pont, nous entendîmes l'un et l'autre un fort coup de canon. Un inspecteur nous affirma que ce bruit venait de Woolwich, et qu'il avait entendu plusieurs coups vers deux heures après midi et auparavant. Le fait, s'il était vrai, était de la plus haute importance ; aussi je télégraphiai immédiatement à Woolwich pour en être assuré. Le professeur Abel a eu l'obligeance de me faire connaître les particularités suivantes :

« On a fait feu à 1 h. 40 du soir. Les canons essayés étaient comparativement de petit calibre, à boulet de 64 livres, avec des charges de 10 livres de poudre.

« La secousse éprouvée chez moi et dans mon bureau, à environ trois quarts de mille de la butte, a été décidément plus forte que celle éprouvée lorsque des canons de plus gros calibre étaient essayés avec des charges de 110 à 120 livres de poudre. Il y avait ici un épais brouillard lorsque l'on fit feu. »

C'étaient les coups entendus par l'inspecteur de police ; une information postérieure a constaté que deux canons avaient fait feu vers trois heures du soir. Ce sont ceux que j'ai entendus.

M. le professeur Abel m'a aussi communiqué le fait suivant : « La cloche des ouvriers à la porte de l'Arsenal, qui est d'une grosseur modérée et dont le son n'est rien moins que clair, est entendue assez distinctement par le professeur Bloxam, alors seulement que souffle le vent du *nord-est*. Pendant toute la semaine dernière, la cloche a été entendue très-distinctement, le vent étant au *sud-ouest* (opposé au son). La distance à vol d'oiseau de la cloche à la maison de M. Bloxam est d'environ trois quarts de mille. »

En vérité, aucune question de science n'a jamais eu autant besoin d'une révision que celle de la transmission du son à travers l'atmosphère. Nous sommes parvenus à nous en rendre maîtres lentement mais sûrement ; et plus nous avançons, plus il apparaît évident que nos prétendues connaissances sur cette question étaient erronées depuis le commencement jusqu'à la fin.

Le matin du 12, le brouillard atteignit son maximum de densité : il n'était pas possible de lire à ma fenêtre, qui regarde le ciel à découvert vers l'ouest. A 10 h. 30 m. j'envoyai mon assistant sur le pont ; j'écoutai son sifflet et son tuyau de l'extrémité est de la Serpentine. Le sifflet donna des sons dont l'intensité surpassait de beaucoup tout ce qu'on en avait entendu auparavant ; mais ces sons s'affaiblirent quelquefois au point qu'on ne pouvait presque plus les entendre, ce qui prouve que, quoique l'air fût partout bien homogène, des nuages acoustiques se glissaient encore à travers le brouillard. Un second tuyau, que l'on n'entendait pas du tout hier, était parfaitement entendu ce matin. Nous pouvons converser d'un bord à l'autre de la Serpentine, aujourd'hui, avec beaucoup plus de facilité qu'hier.

Pendant nos observations de l'été, j'ai pu fixer une fois ou deux la position du cap Foreland, dans une brume épaisse, par la direction du son. Aujourd'hui mon assistant, caché par le brouillard, marchait vers Watermen's Boat-House en faisant résonner son sifflet ; et moi je marchais le long de la rive opposée de la Serpentine, appréciant clairement pendant ce temps que la ligne qui nous joignait était oblique à l'axe de la rivière. En arrivant à un point qui semblait être exactement vis-à-vis de lui, je le marquai, et le lendemain, comme le brouillard s'était dissipé, la place marquée s'est trouvée parfaitement exacte. Lorsqu'elle n'est pas troublée par des échos, l'oreille devient, avec un peu de pratique, capable de fixer avec une grande précision la direction du son.

En arrivant ce matin à la Serpentine, un carillon de cloches, qui commençaient alors à sonner, paraissait si rapproché qu'il fallait un peu de réflexion pour me convaincre qu'elles sonnaient au nord de Hyde-Park. Les sons étaient prodigieusement changeants. Avant que la grosse cloche de Westminster sonnât onze heures, on entendit les coups très-forts d'une cloche plus rapprochée. Les cinq premiers coups de la cloche de Westminster furent ensuite entendus, l'un d'eux fut extrêmement fort; mais les six derniers coups ne purent être entendus. Un assistant était en station pour attendre que les cloches des horloges sonnassent midi. L'horloge qui avait frappé si fort à onze heures ne fut pas entendue à midi, et sur les douze coups de la cloche de Westminster, huit ne purent pas être entendus. L'atmosphère est sujette à des changements aussi étonnants.

A sept heurs du soir, la cloche de Westminster frappant les sept coups ne fut pas du tout entendue près de la Serpentine, tandis que la cloche plus rapprochée dont il a été déjà parlé a été entendue distinctement. Le brouillard était dissipé, et les lanternes sur le pont pouvaient être vues brillant avec éclat, de l'extrémité est de la Serpentine; mais le son ne partageait pas l'éclat de la lumière; et ce qu'on pourrait appeler proprement un brouillard acoustique, avait remplacé le brouillard optique qui l'avait précédé. On fit résonner plusieurs fois successivement le sifflet et le tuyau d'orgue; une série seulement des sons du sifflet fut entendue, il ne fut pas du tout possible d'entendre aucun des autres. Trois séries du tuyau d'orgue furent entendues, mais les sons étaient excessivement faibles. En renversant les positions et en produisant des sons comme auparavant, on n'entendit absolument rien.

A huit heures, les carillons et les sons de l'horloge de Westminster furent très-forts, les uns et les autres. Le « brouillard acoustique » avait changé de place ou s'était dissipé temporairement.

On a observé encore des fluctuations extraordinaires dans le son des cloches des églises entendues le matin ; en quelques secondes elles passent d'un éclat très-fort à un silence absolu pour redevenir rapidement très-éclatantes. Le passage intermittent sur le disque du soleil d'un nuage qui intercepte sa lumière momentanément, pour la laisser briller ensuite, est l'analogie optique de ces effets. Ces changements montrent ainsi que l'atmosphère se comporte à l'égard de l'acoustique exactement comme à l'égard de l'optique.

A neuf heures du soir, trois coups seulement de l'horloge de Westminster furent entendus ; on n'a pu entendre les autres. L'air était retombé en partie dans son état à sept heures du soir, lorsque aucun coup ne fut entendu.

La tranquillité du parc, ce soir-là, contrastant avec le bruit retentissant qui remplissait l'air les deux jours précédents, était très-remarquable. Le son était en effet étouffé dans l'atmosphère optiquement claire, mais acoustiquement nuageuse.

Le 13, le brouillard étant remplacé par une brume légère, je revins à la Serpentine. Le bruit des voitures était affaibli à un degré extraordinaire. Le fracas des routes de Knightsbridge et de Bayswater était tombé ; nous n'entendions pas la marche des troupes qui passaient à peu de distance, et à onze heures le carillon et les coups de l'horloge de Westminster étaient étouffés. Tout était favorable à l'audition des sons ; mais les bruits locaux étouffaient les sons de nos expériences. La voix à travers la Serpentine, avec mon assistant que je voyais très-bien vis-à-vis de moi, était ce jour-là sensiblement plus faible qu'elle ne l'avait été lorsque nous étions invisibles l'un à l'autre dans le brouillard le plus épais.

Plaçant la source du son à l'extrémité E. de la Serpentine, je marchai le long de son bord depuis le pont jusqu'à l'extrémité. La distance entre ces deux points est d'environ 1,000 pas. Après que j'eus fait 500 pas, le son n'était pas aussi distinct qu'il l'avait été au pont le jour du brouillard le plus épais ; d'où il suit, par la loi du rapport inverse des carrés, que l'air étant devenu clair optiquement par la disparition du brouillard, il a été rendu par là si obscur acoustiquement, qu'un son produit à l'extrémité E. de la Serpentine, a été réduit au quart de son intensité au point milieu entre l'extrémité et le pont.

A ces observations démonstratives, je puis en ajouter quelques autres qui les ont suivies. Dans quelques-uns des jours chauds et humides du commencement de cette année, je me suis tenu à midi à côté de la palissade de Saint-James's Park, près de Buckingham Palace, à trois quarts de mille de la tour de l'horloge, qui était clairement visible. Pas un seul coup de « Big Ben » ne fut entendu. Le 19 janvier un brouillard et une pluie de bruine obscurcissaient la tour ; cependant de la même position j'ai entendu les coups de la grosse cloche, et aussi le carillon des cloches des quarts.

Pendant le brouillard excessivement épais et avec brume du 22 janvier, des mêmes palissades, j'ai entendu chaque coup de la cloche. A l'extrémité de la Serpentine, lorsque le brouillard était le plus épais, la cloche de Westminster a été entendue frappant fortement onze heures. Vers le soir ce brouillard commença à se dissiper, et à six heures j'allai à l'extrémité de la Serpentine pour observer l'effet de la limpidité de l'air sur le son. Aucun des coups n'est arrivé jusqu'à moi. A neuf heures et à onze heures mon assistant était dans la même place, et dans ces deux occasions il n'a pas entendu un seul coup de la cloche. C'était un cas précisément semblable à celui du 13 décembre, où la disparition du brouillard fut accompagnée d'un obscurcissement acoustique très-prononcé de l'air (1).

OBSERVATIONS AU SOUTH-FORELAND.

Ces résultats paraissant satisfaisants et vraiment décisifs, je désirais extrêmement les confirmer par des expériences avec les instruments employés actuellement au South-Foreland. Le 10 février j'eus le plaisir de recevoir la note suivante et celle qui lui était jointe du maître député de Trinity-House :

« MON CHER TYNDALL,

« La note ci-jointe vous prouvera avec quelle exactitude vos idées ont été vérifiées, et je vous l'envoie sans attendre les détails. Je pense que vous serez bien aise de la recevoir, et aussitôt que j'aurai le rapport je vous l'enverrai. Il y a dix jours, il m'est venu à l'esprit qu'il y aurait ici une chance dans le temps légèrement disposé au brouillard, et c'est pourquoi j'ai envoyé l'*Argus*, à une information de l'heure, et j'ai demandé au Fog Committee de tenir un membre à bord. Vendredi j'ai été si satisfait que le brouillard dût arriver, que j'ai envoyé Edwards pour enregistrer les observations...

« Très-sincèrement votre
« Fréd. ARROW. »

(1) Un ami m'apprend qu'il a suivi une meute de chiens un jour clair et calme sans entendre un seul aboiement des chiens, tandis qu'en des jours calmes de brouillard, le rugissement musical de la meute se faisait fortement entendre à la même distance.

Les notes jointes à la précédente étaient du capitaine Atkins et de M. Edwards. Le capitaine Atkins écrit :

« Comme il était convenu, je suis arrivé ici par l'express, ayant rencontré M. Edwards à Cannon Street. Nous montâmes au château de Douvres, et le lendemain matin, je fus éveillé par les sons de la sirène. M'étant levé, je découvris que le brouillard longtemps attendu était arrivé, et que l'*Argus* avait quitté ses amarres.

« Mais si j'avais été à bord, les instructions que j'ai laissées à Troughtou (le maître de l'*Argus*) n'auraient pas été mieux exécutées. Vers midi le brouillard se dissipa, et l'*Argus* revint à ses amarres ; alors j'appris que les sons de la sirène et du cor avaient été entendus à une distance de 11 milles de la station, à un point où l'on avait laissé une bouée. Je sais que c'était vrai, et ce matin j'ai découvert la bouée, et les distances sont telles que Troughton l'a affirmé. Je suis allé aussi au phare de Varne (à 123 milles du Foreland), et je me suis assuré que, pendant le brouillard de samedi, les sons ont été entendus *distinctement.* »

M. Edwards, qui était constamment à côté de moi pendant les observations de l'été et de l'automne, et qui est parfaitement capable de faire une estimation comparative de la force des sons, dit que ceux-ci étaient « extraordinairement forts, » puisqu'ils l'ont éveillé ainsi que le capitaine Atkins. Il ne se souvient pas d'avoir jamais entendu auparavant de sons aussi forts à Douvres ; c'était comme si les observateurs avaient été tout près les instruments.

D'autres jours de brouillard avaient précédé ce jour-là, et ils étaient tous des jours de transparence acoustique, le jour du brouillard le plus épais étant acoustiquement le plus clair de tous.

Les résultats rapportés ici sont de la plus haute importance, car ils nous mettent en face d'un brouillard épais et d'un signal réel de brouillards, et ils confirment de la manière la plus concluante les observations antérieures. Le fait que le capitaine Atkins et M. Edwards ont été réveillés par la sirène prouve, au-dessus de toute notre expérience antérieure, sa puissance pendant le brouillard du 7 février.

Il est extrêmement intéressant de comparer la transmission du son le 7 février avec celle du 14 octobre. Dans ces deux jours, le vent avait la même force et la même direction. Mes notes des observations portent que le 14 octobre a été un jour d'extrême clarté optique. La distance était de 10 milles. Pendant le brouillard du 7 février, l'*Argus* a entendu le son à 11 milles; et il a été aussi entendu au phare de Varne, qui est à 12 3/4 milles de Foreland.

Il est encore bon de remarquer qu'à travers le même brouillard les sons ont été bien entendus au phare de South-Sand-Heat, qui est dans une direction opposée du South-Foreland, et réellement derrière la sirène. Car cette circonstance doit être fixée dans l'esprit : le 7 février il est arrivé que la sirène était dirigée, non du côté de l'*Argus*, mais du côté de Douvres. Si le yacht avait été dans l'axe de l'instrument, il est très-probable que le son aurait été entendu à travers la Manche sur la côte de France.

Il est à peine nécessaire que je dise un mot pour me défendre de la fausse idée que je considère le son comme favorisé par le brouillard même. Les particules du brouillard n'ont pas plus d'influence sur les ondes sonores que les particules suspendues soulevées sur les bancs du nouveau monde n'en ont sur les vagues de l'Atlantique. Un air homogène est l'associé habituel d'un brouillard, de là vient la clarté acoustique d'un temps de brouillard.

EXPÉRIENCES SUR LES BROUILLARDS ARTIFICIELS.

Ces observations doivent être mises au rang des expériences de laboratoire. Ici nous devons donner incidemment une leçon sur les précautions que doit prendre un expérimentateur.

On a fait monter dans la galerie *a b c d* (fig. 1) la fumée d'uu papier brun qui couvait sous la cendre ; l'action sur les ondes sonores était forte ; elle rendait longue et tranquille la flamme courte, sensible et agitée. Ici l'action de la fumée semblait clairement démontrée.

De l'air qui a traversé d'abord de l'ammoniaque, puis de l'acide chlorhydrique, et qui est chargé ainsi d'une épaisse fumée, a été conduit dans la galerie ; la flamme agitée a été rendue immédiatement tranquille, indiquant une action très-prononcée de la part du brouillard artificiel.

De l'air qui a traversé du perchlorure d'étain et qu'on a envoyé dans la galerie a produit une fumée extrêmement épaisse. L'action du brouillard sur les ondes sonores a été très-forte.

La fumée épaisse de résine qui brûle devant l'extrémité de la galerie et qu'on y fait entrer avec une paire de soufflets, a aussi pour effet d'étouffer les ondes sonores, au point de rendre le calme à la flamme agitée.

Le résultat semble clair ; et il est parfaitement en harmonie avec les notions *à priori* dominantes relativement à l'action d'un brouillard sur le son. Mais une précaution est ici nécessaire ; car la fumée du papier brun était *chaude* ; le vase contenant l'acide chlorhydrique était *chaud* ; celui qui contenait la perchlorure d'étain était *chaud* ; et la fumée de résine produite par un tisonnier chauffé au rouge était aussi évidemment chaude. Ces résultats alors étaient-ils dus à la fumée ou aux différences de température? Les observations ont bien pu devenir un piége par un raisonnement imprudent.

Au lieu de la fumée et de l'air chaud, on a fait monter dans la galerie de l'air seul chauffé par quatre tisonniers; l'action sur les ondes sonores a été très-marquée, quoique la galerie fût optiquement vide. La flamme d'une bougie fut placée à l'extrémité de la galerie, et l'air chaud qui était tout à la pointe a été soufflé dans la galerie ; l'action sur la flamme sensible a été bien prononcée. Un effet semblable était produit lorsque l'air, montant d'un fer chauffé au rouge, était soufflé dans la galerie.

Dans ces derniers cas, la galerie restait optiquement claire, tandis que le même effet que celui produit par les fumées de résine· et autre était observé. Évidemment, alors, nous n'avons pas le droit d'attribuer, sans nouvelles recherches, au brouillard artificiel un effet qui peut avoir été produit par l'air qui l'accompagnait.

Ayant éliminé le brouillard et prouvé l'influence de l'air non homogène, notre raisonnement sera complété par l'élimination de la chaleur et par la preuve que le brouillard ne produit aucun effet.

Au lieu de la galerie $a\,b\,c\,d$ (fig. 1), un buffet à panneaux de verre, long de trois pieds, large de deux, et haut d'environ cinq pieds, a été rempli avec des fumées de différentes espèces. Ici on a pensé que les fumées devaient rester assez longtemps pour que les différences de température disparussent. On fit deux ouvertures à deux panneaux opposés, éloignés l'un de l'autre de trois pieds; en face d'une ouverture fut placée la cloche dans sa boîte portée sur des pieds, et derrière l'autre ouverture, à une certaine distance, la flamme sensible.

On alluma dans le buffet fermé du phosphore placé dans une coupe flottant sur l'eau. La fumée était si épaisse que beaucoup moins de trois pieds traversés par le son rendaient totalement invisible une brillante flamme de bougie. Il y avait d'abord une légère action sur le son; mais elle s'évanouit rapidement, et la flamme éprouvait les mêmes effets que si le son avait traversé de l'air pur. La première action était évidemment due aux différences de température, et disparaissait lorsque la température était rendue égale partout.

Le buffet fut ensuite rempli de la fumée épaisse de poudre à canon. D'abord il y eut une action légère; mais elle disparut même plus rapidement que dans le cas du phosphore, et le son passa comme s'il n'y avait pas eu de fumée. Il fallait moins d'une demi-minute pour que l'action disparût dans le cas du phosphore, mais quelques secondes suffisaient dans le cas de la poudre à canon. La fumée était beaucoup plus que suffisante pour rendre invisible la flamme d'une bougie.

L'épaisse fumée de résine, lorsque la température était devenue uniforme, n'exerçait pas d'action sur le son.

La fumée de perchlorure d'étain, quoique extraordinairement épaisse, ne produisait pas d'effet sensible sur le son.

Des fumées excessivement épaisses de chlorure d'ammonium ont ensuite rempli le buffet. Une fraction de la longueur du tube de trois pieds suffisait pour rendre invisible la flamme d'une bougie. Bientôt après le buffet en fut rempli, le son passa sans éprouver le moindre changement. On ouvrit un trou au-dessus du buffet; mais quoiqu'une colonne d'épaisse fumée s'élevât par ce trou, plusieurs minutes s'écoulèrent avant que l'on pût voir la flamme d'une bougie à travers le brouillard devenu moins épais.

De la vapeur sortant d'un bouilloir de cuivre a été introduite dans le buffet au point de le remplir d'un épais brouillard. Aucun brouillard naturel n'a jamais été aussi épais; cependant le son le traversa sans la moindre diminution sensible. Cela étant ainsi, les échos des nuages ne sont pas un phénomène vraisemblable.

Dans tous ces cas, lorsqu'on allumait des brûleurs de Bunsen dans le buffet rempli de fumée, une action de moins d'une minute rendait l'air si hétérogène que la flamme sensible était ramenée à la tranquillité la plus complète.

On a constaté ensuite que ces brouillards acoustiquement inactifs étaient capables d'intercepter la lumière électrique.

L'expérience et l'observation s'accordent donc pour démontrer que les brouillards n'ont pas d'action sensible sur le son ; l'idée qu'on s'était faite de leur impénétrabilité, qui a si fort contribué à retarder l'introduction de signaux phoniques sur les côtes, étant ainsi démontrée fausse, nous avons de solides raisons d'espérer que les désastres causés par les brouillards et le temps obscur seront rendus matériellement plus rares à l'avenir.

ACTION DU VENT.

Dans les temps d'orage, nous sommes souvent abandonnés par nos steamers, qui vont chercher un abri dans les rades de Down ou de Margate, et on a profité de ces occasions pour déterminer l'effet du vent. Le 11 octobre, accompagné de MM. Douglass et Edwards, je marchai le long des rochers du château de Douvres du côté du Foreland, le vent soufflant fortement contre le son. Sur le côté de Douvres, à environ un mille et demi du Foreland, nous entendîmes d'abord le son faible mais distinct de la sirène. On ne pouvait entendre le son du cor. On n'entendit pas non plus un coup de canon tiré pendant notre halte.

Comme nous approchions du Foreland, nous vîmes la fumée du canon. M. Edwards entendit un faible bruit, mais ni M. Douglass ni moi nous n'entendîmes rien. Nous attendîmes dix minutes, et un autre canon fit feu. La fumée était bien visible, et je crois avoir entendu un faible coup, mais je n'en suis pas bien sûr. Mes compagnons n'ont rien entendu. Ayant ensuite mesuré la distance au pas, nous avons trouvé que nous n'étions qu'à 550 yards (503 mètres) du canon. Nous étions alors séparés de la sirène et du canon par une légère éminence; mais cela ne peut pas expliquer l'extinction complète du son du canon à une si petite distance, et quand la sirène nous envoyait une note d'une grande force.

Je priai M. Ayres de marcher contre le vent le long du rocher, tandis que M. Douglass allait à la baie de Sainte-Marguerite. Pendant leur absence je fit tirer trois coups de canon. M. Ayres n'en entendit qu'un. Favorisé par le vent, M. Douglass, à une distance double, et plongé plus avant à l'abri du son, entendit les trois coups avec la plus grande netteté.

Je rejoignis M. Douglas, et nous continuâmes à marcher jusqu'à trois quarts de mille au delà de la baie Sainte-Marguerite. Ici le son de la sirène, qui perdait sa force en allant contre le vent, arrivait jusqu'à nous avec une force extraordinaire, quoique le vent soufflât avec une violence qui n'avait pas diminué. Dans cette position, nous avons aussi entendu le canon fortement, et deux autres coups violents à l'intervalle propre de dix minutes en revenant à Foreland.

Il est à remarquer que ce jour-là le canon a été entendu cinq fois, et il a pu être entendu quinze fois plus loin du côté d'où venait le vent.

Par un temps de vent, la brièveté du son du canon est un obstacle sérieux à son emploi pour les signaux. Dans le cas du cor et de la sirène, on a le temps de fixer son attention sur le son ; et un seul souffle, en interrompant une partie du son de l'instrument, ne le couvre pas entièrement. Mais un pareil souffle peut être fatal pour le son momentané du canon.

Du côté du Foreland, d'où venait le vent, le 23, les sons étaient entendus au moins trois fois aussi loin que du côté opposé, et dans les deux directions la sirène avait la plus grande force pénétrante.

Le 24, le vent soufflait à l'E. S. E., et les sons, qui n'arrivaient pas à Douvres quand le vent était à l'O. S. O., étaient alors entendus dans les rues à travers une pluie épaisse. Le 27, le vent était à l'E. N. E. Dans notre chambre de travail, à l'hôtel de lord Warden, dans les chambres à coucher et sur l'escalier, le son de la sirène nous arrivait avec une force surprenante ; il dominait le sifflement et le gémissement du vent, qui soufflait sur Douvres en allant du côté de Folkestone. Les sons étaien entendus à 6 milles du Foreland, sur la route de Folkestone, et si les instruments n'avaient pas alors cessé de résonner, ils auraient pu être entendus bien plus loin. Au phare de South-Sand-Head, à 3 3/4 milles du côté opposé, aucun son n'a été entendu dans toute la journée. Le 28, le vent étant N. par E. ; les sons ont été entendus dans le milieu de Folkestone, à 8 milles, tandis que dans la direction opposée ils n'ont pu arriver à 3 3/4 milles. Le 29, les limites du son ont atteint Eastware-Bay d'un côté et Kingsdown de l'autre côté ; le 30, les limites ont été, d'un côté, Kingsdown, et, de l'autre, Folkestone-Pier. Avec un vent ayant une force de 4 ou 5, c'est une observation très-commune d'entendre le son trois fois plus loin dans une direction que dans l'autre.

Cet effet bien connu du vent est très-difficile à expliquer. Vraiment, la seule explication digne de ce nom est présentée par le professeur Stokes, et a été suggérée par quelques observations remarquables faites par de la Roche. Dans le volume Ier des « Annales de Chimie » pour 1856, p. 176, Arago fait précéder des mots suivants le mémoire de de la Roche : « L'auteur arrive à des conclusions qui, d'abord, pourront paraître paradoxales; mais ceux qui savent combien il mettait de soin dans toutes ses recherches se garderont sans doute d'opposer une opinion populaire à des expériences positives. » L'étrangeté des résultats auxquels de la Roche est arrivé consiste en ce qu'il établit, par des mesures quantitatives, non-seulement que le son se porte plus loin dans le sens du vent que dans la direction contraire, mais que le maximum de la distance qu'il parcourt est dans un sens perpendiculaire à sa direction.

Dans une courte mais très-importante communication présentée à l'Association britannique en 1857, l'éminent physicien mentionné ci-dessus indique une cause qui, *si elle est suffisante*, expliquerait les résultats qui viennent d'être rapportés. Les couches inférieures de l'atmosphère sont retardées par le frottement contre la terre, et les couches supérieures par celles qui sont immédiatement au-dessous d'elles ; par conséquent, la vitesse de translation, dans le cas du vent, augmente de bas en haut. Cette différence de vitesse fait incliner en avant les ondes sonores d'en haut dans une direction opposée au vent, et celles d'en bas dans la direction du vent. Dans ce dernier cas, l'onde directe est renforcée par l'onde réfléchie par la terre. Maintenant le renforcement est le plus grand dans la direction où l'onde directe et l'onde réfléchie sont comprises dans le plus petit angle, et c'est la direction qui est perpendiculaire à celle du vent. De là le plus grand espace parcouru dans cette direction. Ce n'est donc pas, suivant le professeur Stokes, un étouffement du son du côté du vent, mais une inclinaison de l'onde sonore au-dessus de la tête des observateurs, qui altère la propagation dans cette direction.

Cette explication demande une vérification, et je désirerais beaucoup l'éprouver au moyen d'un ballon captif s'élevant assez haut pour atteindre l'onde déviée ; mais en communiquant avec M. Coxwell, qui s'est acquis une si grande réputation comme aéronaute, et qui s'est toujours montré si empressé à faire avancer une question de science, j'ai appris avec regret que l'expérience était trop dangereuse pour être exécutée [1].

CHOIX DE L'ATMOSPHÈRE.

Il a été dit que l'atmosphère, à des jours différents, montre des préférences pour différents sons. Ce point mérite de nouveaux développements.

Après la violente averse qui a passé sur nous le 18 octobre, les sons de tous les instruments, comme nous l'avons déjà dit, ont acquis une plus grande force ; mais on a remarqué que le son du cor avait augmenté le plus, et qu'il avait non-seulement égalé, mais même surpassé le son de sa rivale. D'où l'on peut conclure que le changement atmosphérique produit par la pluie a favorisé plus particulièrement la transmission des ondes sonores les plus longues.

---

(1) Des expériences aussi importantes que celles faites par de la Roche ne doivent pas être laissées sans vérification. J'ai fait des arrangements dans ce but.

Mais notre programme nous a mis en mesure d'aller plus loin qu'une simple déduction. On a fait des dispositions le jour cité pour que, jusqu'à 3 h. 30 m. du soir, la sirène fît 2,400 tours par minute, produisant 480 vibrations par seconde. Aussi longtemps que ce ton continua, le cor, après la pluie, a eu l'avantage. Le mouvement de rotation fut alors réduit à 2,000 par minute, donnant 400 vibrations par seconde, et alors le son de la sirène surpassa aussitôt celui du cor. Une connexion évidente a été ainsi établie entre la réflexion aérienne et la longueur des ondes sonores.

Le sifflet canadien de 10 pouces étant capable d'être ajusté de manière à produire des sons de différentes hauteurs de ton, je lui ai fait rendre une série de ses sons. Le plus aigu paraissait posséder une grande intensité et une grande puissance pénétrante. La croyance commune est qu'une note de cette nature (qui affecte si fortement, et même péniblement, un observateur qui est tout près) se propage aussi à la plus grande distance. M. A. Gordon, dans son examen devant le comité des phares, en 1845, s'est exprimé ainsi : « Lorsque vous obtenez un son perçant, haut sur l'échelle, ce son est porté beaucoup plus loin qu'une note basse sur l'échelle. » J'ai entendu exprimer la même opinion par d'autres savants.

Le 14 octobre, le point a été soumis à une épreuve expérimentale. On s'est arrangé de manière que, jusqu'à 11 h. 30 m. avant midi, le sifflet canadien, qui avait été entendu avec une intensité si perçante le 10, donnât sa note aiguë. A l'heure qui vient d'être indiquée, nous étions à côté de la bouée de Varne, à 7 3/4 du Foreland. La sirène, comme nous approchions de la bouée, était entendue à travers le bruit des rames ; les cors étaient aussi entendus, mais plus faiblement que la sirène. Nous nous arrêtâmes à la bouée, et nous écoutâmes pour entendre le canon de 11 h. 30 m. Nous avons tous entendu son bruit. Ni avant ni pendant la pause, le son aigu du sifflet canadien n'a été entendu une seule fois. Il fut alors ajusté pour qu'il produisît sa note basse ordinaire, que l'on entendit aussitôt. Le son bas du canon continua d'être encore entendu plus loin après que tous les autres eurent cessé.

Mais c'était seulement dans la matinée de ce jour que se manifesta cette préférence pour les ondes les plus longues. A 3 heures du soir c'était complétement changé, car les sons aigus de la sirène s'entendaient lorsque l'on ne pouvait plus entendre aucun des autres sons. Pendant plusieurs autres jours, nous avons eu des preuves de la force comparative variable de la sirène et du canon. Le 9 octobre, c'était tantôt l'un tantôt l'autre qui prédominait. Le matin du 13, la sirène était clairement entendue au rocher de Shakespeare, tandis que deux canons, dont les coups étaient parfaitement visibles, n'étaient pas entendus. Le 16 octobre, à deux milles de la station des signaux, le canon, à 11 heures, était inférieur à la sirène, mais l'un et l'autre pouvaient être entendus. A 12 h 30 m, la distance étant de six milles, on ne pouvait pas du tout entendre le canon, tandis que la sirène continua d'être faiblement entendue. Plus tard, dans le jour, l'expérience a été répété deux fois. La fumée du canon a été vue chaque fois, mais rien n'a été entendu ; dans la dernière expérience, tandis que le canon ne faisait pas de bruit perceptible, le son envoyé par la sirène était si fort qu'il s'entendait malgré le bruit des rames. Le jour était évidemment hostile au passage des ondes sonores plus longues.

Le 17 octobre commence avec une préférence pour les ondes courtes. A 11 h 30 m avant midi, la supériorité de la sirène sur les ondes courtes était prononcée ; à 12h 30m, le canon surpassait légèrement la sirène ; à 1 heure, 2 heures et 2^h 30^m après midi, le canon maintenait encore sa supériorité. Cette préférence pour les ondes plus longues s'est continuée le 18 octobre. Le 20 octobre le jour commença favorable au canon, ensuite le canon et la sirène devinrent égaux entre eux, et enfin la sirène prit la supériorité; mais le jour était devenu orageux, et un orage est toujours défavorable au son momentané du canon. La même remarque s'applique aux expériences du 21 octobre. A 11 heures avant midi, distance $6\frac{1}{2}$ milles, lorsque la sirène se faisait entendre à travers les bruits du vent, de la mer et des rames, le canon fit feu; mais quoique écouté avec la plus grande attention, aucun son ne fut entendu. Une demi-heure plus tard, le résultat a été le même. Le 24 octobre, cinq observateurs virent le feu du canon à une distance de 5 milles, mais ils n'entendirent rien; tous à cette distance ont entendu la sirène distinctement; une seconde expérience faite le même jour donna le même résultat. Le 27 encore la sirène triompha, et dans trois occasions différentes, le 29, sa supériorité sur le canon fut très-prononcée.

Ces expériences donnent des idées nouvelles sur la disposition du son dans l'atmosphère. Aucun son employé ici n'est simple; dans chaque cas, la note fondamentale est accompagnée d'autres notes, et l'action de l'atmosphère sur ces différents groupes d'ondes a son analogue optique dans cette dispersion des ondes de l'éther lumineux qui produit les différentes ombres et les différentes couleurs du ciel.

CONCLUSION ET REMARQUES.

Quelques remarques et quelques suggestions additionnelles termineront convenablement ce mémoire. Il a été prouvé que, dans certains états du temps, le bruit des coups d'un obusier avec une charge de trois livres se faisait entendre sur une plus grande étendue que le son des sifflets, des trompettes ou de la sirène. Cela est arrivé, par exemple, dans le jour particulier du 17 octobre, où les espaces parcourus par tous les sons ont atteint leur maximum.

Mais dans beaucoup d'autres jours, l'infériorité du canon par rapport à la sirène a été démontrée de la manière la plus évidente. Les feux du canon étaient vus avec la plus grande netteté au Foreland ; mais aucun son, ne fut entendu, et dans le même temps la note de la sirène nous arrivait avec une force considérable et bien distincte.

Les désavantages du canon sont les suivants :

a). La durée du son est si courte que, à moins que l'observateur ne soit prévenu par avance, le son, par défaut d'attention plutôt que manque de puissance, est exposé à n'être pas entendu.

b). Le risque que court le bruit du canon d'être étouffé par un bruit local est si grand, qu'il est quelquefois couvert par un coup de vent qui entre dans les oreilles au moment où le son du canon arrive. Arago a fait allusion à ce détail dans son rapport sur les expériences célèbres de 1822. Un pareil coup de vent produit une interruption momentanée dans le cas d'un son continu, mais non une entière extinction.

c). Le risque d'être étouffé ou dévié par un vent contraire, au point de pouvoir être entendu à une très-courte distance, est très-remarquable.

Un cas a été cité dans lequel le canon a manqué d'être entendu contre un vent violent à une distance de 550 yards (503 mètres) du lieu où il fit feu, tandis que dans le même temps le son de la sirène nous arrivait avec une grande intensité.

Cependant, malgré ces inconvénients, je pense que le canon a droit à être rangé parmi les signaux de première

classe. J'ai eu moi-même l'occasion d'observer son extrême utilité aux vaisseaux légers de Holyhead et de Kish,
près de Kingston. Les commandants des bateaux de Holyhead étaient unanimes à recommander le canon. Il faut
ajouter le fait important en sa faveur que, dans le brouillard, le feu ou l'éclat de lumière vient souvent en aide au
son ; sur ce point la preuve est tout à fait concluante.

Il peut y avoir des cas où la combinaison du canon avec
un des autres signaux peut être désirable. Lorsqu'on
voudra communiquer à une station de signaux le moyen
de ne jamais manquer à son but, on pourra recourir avec
avantage à une pareille combinaison.

Si le canon est conservé comme une forme de signal de
brouillard (et j'aurais grand tort à présent d'en recommander la suppression totale), il devra être de la meilleure qualité. Nos expériences prouvent que le son du
canon dépend de sa forme ; mais nous ne savons pas si
nous avons employé la meilleure. Il serait donc désirable
de construire un canon ayant la propriété spéciale de
produire du son [1].

Une supériorité absolument uniforme tous les jours ne
peut être accordée à aucun des instruments soumis à l'examen ; cependant, nos observations ont été si nombreuses
et si longtemps continuées qu'elles nous ont rendus capables d'arriver à la conclusion certaine qu'en somme la
sirène à vapeur est le signal le plus puissant qu'on ait essayé jusqu'ici en Angleterre. Il est spécialement puissant
lorsqu'il y a à surmonter les bruits locaux, tels que ceux
du vent, des agrès, des vagues mugissantes, du ressac des
côtes, et le fracas des cailloux. Son intensité, sa qualité,

___

(1) Les frères Brethren ont déjà eu des plans d'un nouveau canon de
signaux que leur ont présentés les constructeurs du département de la
guerre.

son acuïté et sa force de pénétration le font dominer sur ces bruits après que les sons de tous les autres signaux ont succombé.

Je n'ai donc pas hésité à recommander l'introduction de la sirène comme signal des côtes.

Il serait désirable de donner à l'instrument un mouvement de rotation, de manière que la personne en charge pût pointer son embouchure contre le vent ou dans toute autre direction demandée. Cet arrangement a été fait au South-Foreland, et il ne présente pas de difficulté mécanique. Il est désirable aussi de monter la sirène de manière à permettre d'incliner son embouchure de quinze ou vingt degrés au-dessous de l'horizon.

Dans le choix de la position où doit être monté un signal de brouillard, l'influence possible d'un obstacle à la propagation du son, et l'extinction du son par l'interférence des ondes directes avec les ondes réfléchies par le rivage, doivent former le sujet du plus sérieux examen. Des essais préliminaires peuvent, dans un très-grand nombre de cas, être nécessaires avant de fixer le point précis où l'instrument doit être placé.

La sirène, on doit s'en souvenir, a été jusqu'à présent mise en movement avec de la vapeur à 70 livres de pression ou environ; on a fait jouer les trompettes avec de l'air comprimé; et nos expériences ont prouvé qu'une pression de 20 livres donnait un son sensiblement aussi fort que des pressions plus hautes. La possibilité d'obtenir un son utilisable avec cette basse pression de l'air pourrait rendre praticable l'emploi des machines à feu avec des trompettes; s'il en est ainsi, l'établissement de trompettes à bord des vaisseaux légers sera grandement facilité. Les signaux qui existent à présent sur ces vaisseaux sont extrêmement défectueux, et peuvent être rendus considérablement meilleurs. On m'a dit qu'il y avait des difficultés pratiques à l'introduction de la vapeur à bord des vaisseaux légers; autrement je serais fortement incliné à recommander l'introduction sur eux du sifflet canadien. On trouverait probablement la sirène trop grande et trop encombrante pour des vaisseaux légers.

La sirène, qui est depuis longtemps connue des savants est mise en mouvement avec l'air, et il serait bon d'essayer comment elle se comporterait pour les brrouillards, en supposant qu'on substituât l'air comprimé à la vapeur. L'air comprimé peut aussi être employé avec les sifflets.

Aucun signal de brouillard n'a pu jusqu'à présent remplir la condition posée dans une lettre très-importante déjà citée, savoir : « *Que tous les signaux des brouillards doivent être capables d'être entendus à 4 milles au moins, dans toutes les circonstances.* » Il peut exister des circonstances qui empêchent les sons les plus puissants d'être entendus à la moitié de cette distance. Ce qu'on peut affirmér avec certitude, c'est que dans presque tous les cas on peut certainement compter sur la sirène à une distance de 2 milles ; dans la grande majorité des cas, elle peut être entendue à une distance de 3 milles, et le plus souvent à une distance de plus de 3 milles.

Heureusement les expériences faites jusqu'ici s'accordent parfaitement à indiquer que, dans le temps particulier où les signaux de brouillard sont nécessaires, l'air qui tient le brouillard en suspension est dans un état très-homogène ; d'où il suit qu'il est très-probable que, dans le cas du brouillard, on peut compter que les signaux seront entendus à de bien plus grandes distances que celles qui viennent d'être mentionnées.

Je prends la précaution de ne pas inspirer au navigateur une confiance qui peut devenir trompeuse. Lorsqu'il entend un signal de brouillard, il doit, en règle générale (au moins jusqu'à ce qu'une expérience plus entendue justifie le contraire), supposer que l'origine du son n'est pas à une distance de plus de 2 ou 3 milles, et faire des sondages ou prendre d'autres précautions nécessaires. S'il se trompe dans son estimation de la distance, ce devra être en faveur de sa sûreté.

Avec les instruments qui sont aujourd'hui sagement établis à notre disposition le long des côtes, je m'aventure à émettre l'opinion que ce que l'on aura sauvé de la propriété dans dix ans couvrira bien des fois les dépenses nécessaires pour l'établissement de ces signaux. Il est du plus grand intérêt pour l'humanité de sauver la vie des hommes.

Dans un rapport écrit pour la Trinity-House sur la question des signaux de brouillard, mon excellent prédécesseur, le professeur Faraday, exprime l'opinion qu'une promesse fausse faite au marin serait pire que si on ne lui promettait rien du tout. En jetant les yeux sur les observations qui ont été rapportées ici, nous trouvons que la portée du son dans des jours clairs varie de $2\frac{1}{2}$ milles à $16\frac{1}{2}$ milles. On sera convaincu qu'il y aurait péril à suivre une instruction se fondant sur la dernière observation, par un temps correspondant à la première. Ce n'est pas le maximum, mais le minimum de la portée du son que doit connaître le navigateur. Un défaut d'attention sur ce point pourrait avoir des conséquences désastreuses.

Cette remarque n'est pas faite sans motifs. J'ai devant moi une « Notice pour les marins » publiée par le Board of Trade sur un sifflet pour les brouillards récemment monté au cap Rac, et qui est regardé comme ayant une portée de 20 milles par un temps calme, 30 milles avec le vent, et dans un temps d'orage ou contre le vent, de 7 à 10 milles. Maintenant, considérant la distance parcourue par le son dans nos observations, je voudrais accorder la possibilité, dans une atmosphère plus homogène que la nôtre, d'une portée du son de 20 milles dans certains jours calmes, à un puissant soufflet, et de 30 milles dans certains jours de vent léger ; mais je conserve l'opinion très-arrêtée que l'affirmation sur ces distances ou sur la distance de 7 à 10 milles contre une tempête, sans aucune qualification, est calculée pour inspirer aux marins une fausse confiance. De pareilles publications doivent être sans aucune trace d'exagération, ou ne fournir que des données sur lesquelles le marin puisse s'appuyer avec une entière confiance. Mon but, en m'étendant si longuement sur ces observations, a été de rendre évident pour tous quelle grande erreur ce serait et combien il pourrait être nuisible de tirer des conclusions générales d'observations faites dans un temps de grande transparence acoustique.

Ainsi se termine, au moins pour le moment présent, une recherche qui, j'en ai la confiance, sera reconnue comme ayant quelque importance scientifique aussi bien que pratique. En y travaillant, j'ai eu à me féliciter des secours et de la coopération que n'ont jamais manqué de m'accorder les anciens frères de Trinity-House. Le capitaine Drew, le capitaine Close, le capitaine Were, le capitaine Alkins et le député maître ont tous pris part de temps en temps à la recherche. Je suis redevable de secours pratiques très-importants à l'éminent navigateur aux régions arctiques, l'amiral Collinson, qui a montré un intérêt constant, et j'ajouterai philosophique, dans les recherches que nous avons faites ; il était presque toujours à mes côtés, comparant les opinions avec moi, plaçant le steamer dans les positions nécessaires, et faisant avec une habileté consommée et promptement les observations nécessaires aux sextants. Je suis aussi doublement sensible aux services importants rendus par M. Douglas, l'habile et infatigable ingénieur, à ceux de M. Ayres, ingénieur assistant, et de M. Price-Edwards, le secrétaire privé du maître député de Trinity-House.

Les officiers et les canonniers du South-Foreland méritent aussi mes meilleurs remercîments, comme aussi M. Holmes et M. Laidheuw, qui étaient chargés des trompettes, des sifflets et de la sirène.

J'ai été aidé très-habilement par mon excellent assistant, M. John Cottrell, dans le traitement expérimental du sujet. — John Tyndall.

Royal Institution, novembre 1874.

(The contemporary Review.)

ACOUSTIQUE.

SUR LA RÉVERSIBILITÉ DU SON

PAR J. TYNDALL.

Les 21 et 22 juin 1822, une commission nommée par le bureau des longitudes de France, exécuta une célèbre série d'expériences sur la vitesse du son. Deux stations avaient été choisies, l'une à Villejuif, l'autre à Montlhéry, situées toutes deux au sud de Paris, et distantes l'une de l'autre de 18,613 mètres. On fit partir des deux stations des canons chargés tantôt de deux, tantôt de trois livres de poudre, et l'on déduisit la vitesse du son de l'intervalle entre la vue de la lumière et l'arrivée du son.

A cette mémorable occasion, une observation fut faite qui, autant que je puis savoir, est restée jusqu'ici une énigme scientifique. Il fut constaté que, tandis que chaque coup de canon tiré à Montlhéry était très-distinctement entendu à Villejuif, la plus grande partie des décharges de Villejuif n'arrivaient pas jusqu'à Montlhéry. S'il y avait eu du vent, et s'il eût soufflé dans la direction de Montlhéry à Villejuif, on aurait expliqué par cette circonstance cette différence d'effets ; mais l'air était très-calme à ce moment, et le très-léger courant d'air qui régnait alors était précisément dans la direction de Villejuif à Montlhéry, c'est-à-dire en sens contraire de la direction suivant laquelle le son se faisait le mieux entendre.

Cette différence était si marquée entre le pouvoir transmissif des deux directions que, le 22 juin, alors que chaque coup tiré à Montlhéry était entendu à merveille à Villejuif, on n'entendit à l'autre station qu'un sur deux de ceux qui furent tirés à Villejuif, et encore très-faiblement.

Avec la prudence qui le caractérisait en toute occasion, et qui a si merveilleusement été imitée par Faraday (1), Arago n'essaya pas d'expliquer cette anomalie. Voici ses propres termes : « Quant aux différences si remarquables d'intensité que le bruit du canon a toujours présentées, suivant qu'il se propageait du nord au sud entre Villejuif et Montlhéry, ou du sud au nord entre cette seconde station et la première, nous ne chercherons pas aujourd'hui à les expliquer, parce que nous ne pourrions offrir au lecteur que des conjectures dénuées de preuves. »

J'ai essayé, après bien des incertitudes, de résoudre cette question par l'expérience, et je suis maintenant en mesure de soumettre à la Société royale une solution possible de l'énigme. Le premier pas dans cette matière a été de rechercher si la flamme sensitive, dont j'ai fait un si grand usage dans mon mémoire sur la transparence acoustique de l'atmosphère, pouvait être sûrement employée dans des expériences sur la réversibilité mutuelle d'une source

(1) *Recherches sur la chimie et la physique*, p. 484.

de son et d'un objet sur lequel vient frapper le son. Or la flamme sensitive que j'emploie d'ordinaire mesure de 18 à 24 pouces de hauteur, tandis que l'anche employée comme source de son a moins d'un quart de pouce carré de surface. Si donc toute la flamme, ou le chalumeau qui l'alimente, étaient sensibles aux vibrations sonores, des expériences rigoureuses sur la réversibilité avec l'anche et la flamme seraient bien difficiles, sinon impossibles. De là mon désir d'étudier si le siége de la sensibilité était localisé dans la flamme, au point de rendre praticable l'observation de l'échange entre la branche et l'anche.

La flamme étant placée derrière un écran de carton, on faisait passer la tige d'un entonnoir à travers un trou pratiqué dans le carton, et on la dirigeait sur le milieu de la flamme. Les ondes du son émises par l'anche en vibration, placée dans l'intérieur de l'entonnoir, ne produisaient aucun effet sensible sur la flamme. En élevant l'entonnoir de façon à en diriger la tige sur la base de la flamme, l'action était violente.

Pour augmenter la précision de l'expérience, on adaptait l'entonnoir à un tube de verre de trois pieds et demi de long et d'un demi-pouce de diamètre, afin d'affaiblir

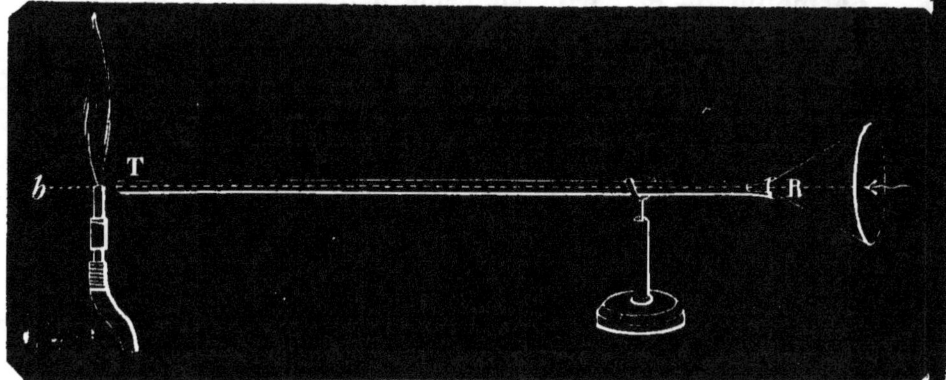

par la distance l'effet des ondulations diffractées autour du bord de l'entonnoir, et de ne permettre qu'à celles qui traversaient le tube de verre d'agir sur la flamme.

Quand on présentait l'extrémité du tube à l'orifice du brûleur (*b*, fig. 1) ou l'orifice du brûleur à l'extrémité de tube, la flamme se trouvait violemment agitée par les ondulations sonores du chalumeau R. En élevant le tube ou le brûleur de manière à concentrer le son sur un point de la flamme à un demi-pouce au-dessus de l'orifice, l'action était nulle. En concentrant le son au-dessous du brûleur, à un demi-pouce environ de l'orifice, il n'y avait encore aucune action.

Ces expériences démontrent la localisation du «·siége de la sensibilité, » et prouvent que la flamme est un instrument bien approprié aux expériences à faire sur la réversibilité.

Or, voici comment ces expériences ont eu lieu : — La flamme sensitive se trouvant placée tout contre un écran de carton fin, de 18 pouces de hauteur sur 12 de largeur, une anche en vibration, située juste au niveau de la base de la flamme, était mise à 6 pieds de distance de l'autre côté de l'écran. La vibration sonore, dans cette position, produisait une forte agitation de la flamme.

La moitié de la partie supérieure de la flamme était ici visible pour l'anche ; de là la nécessité des expériences précédentes pour prouver la nullité de l'action du son sur la portion supérieure de la flamme ; les ondulations devaient donc tourner autour de l'écran pour atteindre le siége de la sensibilité, dans le voisinage du brûleur.

On intervertit alors les positions de la flamme et de l'anche, celle-ci étant placée tout contre l'écran, et la première à 6 pieds de distance. Les vibrations sonores étaient sans action sensible sur la flamme.

On répéta et l'on varia l'expérience de diverses manières. On employa des écrans de dimensions différentes; et au lieu d'intervertir les positions de la flamme et de l'anche, ce fut l'écran que l'on fit mouvoir, de façon à amener, dans quelques expériences, la flamme, et dans d'autres l'anche, tout derrière lui. On prit également soin d'empêcher que toute réflexion du son par les murs ou le plafond du laboratoire, voire même par le corps de l'expérimentateur, ne pût venir influencer l'effet. Dans tous les cas, il fut constaté que le son exerçait une action quand l'anche était à distance de l'écran et la flamme tout derrière lui, et que son action était insensible quand ces positions étaient interverties.

Soit donc $s\,e$ une section verticale de l'écran. Quand l'anche était en A et la flamme en B, il ne se produisait aucune action; quand l'anche était en B et la flamme en A, il y avait action marquée. On peut ajouter que les vibrations communiquées à l'écran lui-même, et par l'écran à l'air au delà, étaient sans effet; car, si l'anche, efficace en B, se trouvait placée en C,

où son action sur l'écran était de beaucoup plus grande, elle cessait d'exercer aucune action sur la flamme en A.

Nous sommes maintenant, je crois, en mesure d'étudier l'affaiblissement de réversibilité constaté dans les grandes expériences de 1822. Heureusement que nous vient en aide une observation accidentelle d'une grande signification. Il fut remarqué et constaté qu'en même temps que les coups de canon de Villejuif étaient sans écho, un roulement d'échos, d'une durée de 20 à 25 secondes, accompagnait chaque coup à Monthléry, et y était entendu par les observateurs. Arago, le rédacteur du rapport, attribuait ces échos à la réflexion des nuages, explication que nous croyons pouvoir regarder comme problématique. Le rapport dit que « tous les coups tirés à Montlhéry y étaient *accompagnés* d'un roulement semblable à celui du tonnerre. » J'ai mis en italique le mot très-significatif *accompagné*, mot qui s'applique merveilleusement à nos coups de canon de South-Foreland, où il n'y avait pas de solution de continuité sensible entre l'explosion et l'écho, mais qui ne convient guère à des échos provenant des nuages. Car, en supposant que les nuages soient seulement à un mille de distance, le son et son écho devraient se trouver séparés par un intervalle d'à peu près 10 secondes. Mais là il n'est mention d'aucun intervalle; et s'il y en eût existé quelqu'un, assurément on aurait employé le mot *suivi* au lieu du mot *accompagné*. Les échos en outre semblent avoir été *continus*, tandis que les nuages observés paraissent avoir été *séparés*. « Ces phénomènes, » dit Arago, « n'ont jamais eu lieu qu'au moment de l'apparition de quelque nuage. » Mais il est difficile qu'un roulement continu d'échos puisse résulter de nuages séparés. Si nous y ajoutons le fait expérimental que des nuages d'une densité de beaucoup supérieure à celle de tous ceux qui peuvent se former dans l'atmosphère, sont démontrés complétement incapables de réfléchir sensiblement le son, tandis que l'air sans nuages, qui, au dire d'Arago, ne peut produire d'écho, a été démontré capable de le réfléchir énergiquement, je pense que nous serons fortement en droit de contester l'hypothèse de l'illustre savant français.

En considérant les centaines de coups tirés à South-Foreland, dans le but tout spécial d'étudier les séries d'échos, et en remarquant que, dans aucun cas, le bruit du canon ne s'est jamais produit sans accompagnement d'échos d'une durée mesurable, je pense que la constatation d'Arago qu'à Villejuif aucun écho ne se faisait entendre quand le ciel était clair, doit simplement signifier que l'écho s'évanouissait très-rapidement. A moins de diriger son attention tout spécialement sur ce point, l'observation peut fort bien laisser passer inaperçue une légère prolongation du bruit du canon; et ceci a dû d'autant plus vraisemblablement se produire, si les échos ont été aussi puissants qu'instantanés, de manière à former apparemment partie et fraction du son direct.

Je me garderai bien de dépasser ici les limites de la critique de bonne foi, et de jeter le moindre doute, sans de bonnes raisons, sur les observations recueillies par un personnage aussi éminent. Dès lors, en tenant compte de tout ce qui vient d'être constaté, et en se rappelant que l'esprit d'Arago et de ses collègues était préoccupé d'un problème complétement différent, — de sorte que la question des échos était plutôt un incident qu'un objet d'observation, — je pense que nous pouvons justement considérer le son, qu'il appelait « instantané, » comme un son dont les échos successifs ne se distinguaient du son direct par aucune diminution d'intensité, et qui bientôt s'évanouissaient en silence.

Revenons aux observations de Montlhéry : nous sommes étonnés de la durée extraordinaire des échos entendus à cette station. A South-Foreland, la charge habituellement tirée était égale à la plus forte de toutes celles qu'employèrent les physiciens français; mais jamais les coups de canon ne produisirent d'échos ayant de 20 à 25 secondes de durée. Il est bien rare qu'ils en aient même atteint la moitié. Même les échos de syrène, bien plus remarquables et plus prolongés que ceux du canon, n'ont jamais atteint la durée des échos de Montlhéry. La seule fois qu'on s'en soit le plus approché, ce fut le 17 octobre

1873, alors que les échos de syrène mirent 15 secondes à revenir au silence.

Le même jour, en outre (et ceci est un point des plus significatifs), le son transmis atteignait son maximum de portée, les sons étant entendus à la bouée de Quenoc, distante de South-Foreland de 16 1/2 milles marins. J'ai déjà établi que la durée des échos de l'air accuse « les profondeurs atmosphériques » d'où ils proviennent. Une analogie optique peut ici nous venir en aide. Faisons tomber de la lumière sur de la craie, la lumière est complétement dispersée par les particules superficielles; réduisons la craie en poudre et imbibons-la d'eau, la lumière arrive à l'observateur d'une beaucoup plus grande profohdeur du liquide trouble. La craie solide représente l'action de nuages acoustiques d'une excessive densité; la craie et l'eau celle de nuages d'une densité modérée. Dans l'un des cas, nous avons des échos d'une courte durée, d'une longue durée dans l'autre. Ces considérations nous portent à conclure que Montlhéry, au moment des expériences, a dû être entouré d'une atmosphère acoustiquement très-transparente; en même temps que la courte durée des échos à Villejuif montre que l'atmosphère environnant cette station a dû être acoustiquement opaque.

Pouvons-nous arriver à expliquer la cause de cette opacité? Je le crois. Villejuif est tout près de Paris, et grâce au léger courant de vent constaté, l'air de Paris venait doucement passer au-dessus de cette localité. Des milliers de cheminées venaient donc décharger leurs courants d'air chaud au-dessus du vent de Villejuif; de sorte que cette station a dû se trouver enveloppée d'une atmosphère dépourvue de toute espèce d'homogénéité. L'équilibre de température doit se produire dans l'atmosphère à une hauteur qui n'est pas considérable. L'air non homogène environnant Villejuif est expérimentalement représenté par notre écran, avec la source de son tout près derrière lui, le bord supérieur de l'écran représentant la place où l'équilibre de température s'était établi dans l'atmosphère au-dessus de la station. En vertu de la proximité de l'écran, les échos provenant de notre anche en vibration viendraient, dans le cas en question, se confondre avec le son direct de manière à ne pouvoir s'en distinguer pratiquement ; c'est ainsi que les échos à Villejuif suivaient si immédiatement le son direct et s'évanouissaient si vite qu'ils échappaient à l'observation. Et comme notre flamme sensitive, à une certaine distance, n'était pas impressionnée par le corps en vibration sonore placé derrière l'écran de carton, je pense que les observateurs de Montlhéry ne pouvaient arriver à entendre les sons du canon de Villejuif.

Voilà l'explication de la difficulté d'Arago, que j'ai l'honneur de soumettre à la Société royale.

On peut aller un peu plus loin dans l'élucidation expérimentale de ce sujet. Nous avons déjà signalé la facilité avec laquelle les sons traversent les tissus fabriqués, et montré qu'une couche de batiste ou de calicot, ou même de flanelle épaisse ou de crêpe, suffit à intercepter une partie du son d'une anche en vibration. Or, cette couche de calicot peut être considérée comme représentant une couche d'air, différenciée des couches voisines par la température ou par l'humidité ; en même temps qu'une suite de ces toiles de calicot pourrait représenter des couches successives d'air non homogène.

Deux tubes de fer-blanc (MN et OP, fig. 3), ouverts aux deux extrémités, sont disposés de manière à former entre eux un angle aigu. Au bout de l'un est l'anche vibrante r, en face le bout de l'autre, et sur le prolongement de PO est la flamme sensitive f, une seconde flamme

sensitive (*f'*) étant placée sur le prolongement de l'axe
de MN. En faisant retentir le corps sonore, le son direct traversant MN vient agiter la flamme *f'*. On introduit
le carré de calicot *ab* au sommet de l'angle des tubes,

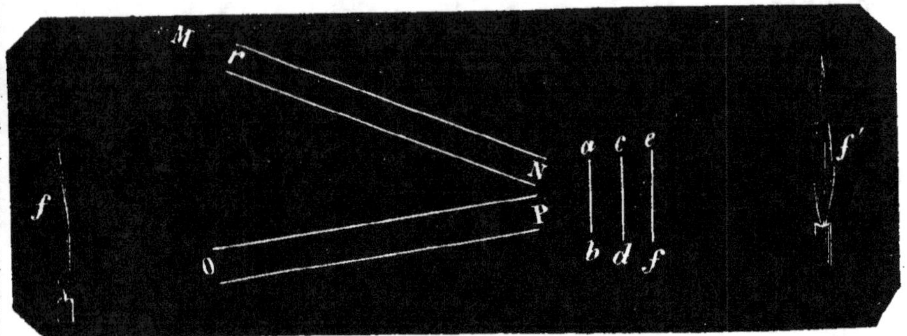

et l'on remarque une légère diminution d'action sur *f'*, en
même temps que le faible écho de *ab'* produit une
agitation presque imperceptible de la flamme *f*. On ajoute
un autre carré *cd*, le son transmis par *ab* frappe sur *cd* ; il
est partiellement réfléchi, retraverse *ab*, passe le long de
PO, et vient agiter encore la flamme *f*. Si l'on ajoute un
troisième carré *ef*, le son réfléchi s'accroît encore, et à
chaque accroissement de l'écho correspond un affaiblissement des vibrations de *f'*, par suite, un apaisement de
l'agitation de cette flamme.

Avec du calicot plus clair ou de la batiste, il faudrait
un plus grand nombre de couches pour intercepter tout
le son ; il en résulte qu'avec cette batiste nous aurions
des échos renvoyés de plus loin, et par suite d'une plus
longue durée. Huit couches du calicot employé dans ces
expériences, étendues sur un châssis métallique, et su-
perposées de manière à figurer une sorte de tampon,
peuvent parfaitement représenter un nuage acoustique
très-dense. Cette espèce de tampon, placé au sommet
de l'angle au delà de N, arrête le son, qui sans cela irait
atteindre *f'*, presque aussi complétement qu'une plaque

solide impénétrable ; la flamme *f'* se trouve ainsi apaisée, tandis que *f* est beaucoup plus puissamment agitée que par la réflexion d'une simple couche. Si la source de son était tout près, sous la main, les échos provenant de cette espèce de tampon seraient d'une durée insensible. C'est ainsi qu'ont dû, selon moi, se trouver situés les nuages acoustiques autour de Villejuif, puisqu'ils ont produit des échos qui n'ont pas eu plus de durée.

On fait un pas de plus dans la question si l'on considère l'analogie entre la lumière et le son. Notre tampon agit principalement par réflexion interne. Le son de l'anche est un son composé, formé de sons partiels différents d'élévation. Si ces sons se trouvent rejetés du tampon avec leurs proportions primitives, le tampon est acoustiquement *blanc* ; s'ils sont renvoyés avec des proportions altérées, le tampon est acoustiquement *coloré*.

Dans ces expériences, mon aide, M. Cottrell, m'a prêté le concours de son assistance matérielle. — (*Proceding's* de la Société royale, janvier 1875.)

OPTIQUE PHYSIOLOGIQUE

SUR LES COULEURS ACCIDENTELLES OU SUBJECTIVES

Par M. Platiau.

Tous les physiciens et les physiologistes qui se sont occupés des phénomènes subjectifs de la vision ont répété, et j'ai fait comme eux, que la teinte de l'image accidentelle qui succède à la contemplation prolongée d'un objet coloré est toujours complémentaire de celle de cet objet ; or ce principe est loin d'être exact, ainsi qu'on va le voir. Il est bien établi aujourd'hui que le bleu pur et le jaune sont complémentaires l'un de l'autre; si donc le principe généralement admis était vrai, il faudrait que la contemplation prolongée du bleu donnât toujours lieu à une image accidentelle jaune, et *vice versâ*; mais si l'on examine les différents écrits sur la matière, on constate que c'est là plutôt l'exception : sur quatorze auteurs que j'ai consultés, je n'en ai trouvé que deux, savoir de Godart et M. Helmholtz, qui indiquent le jaune comme couleur accidentelle provoquée par le bleu; neuf autres, savoir Scherffer, Darwin, Himly, Müller, Gergonne, Brewster, Newcomb, Aubert et Scheffler, signalent nettement l'orangé; suivant Buffon, c'est un rouge pâle. Quant à la teinte de l'image accidentelle qui succède à la contemplation du jaune, c'est le bleu pour Buffon, Scherffer, Brewster et M. Helmholtz; mais pour Darwin, Himly, Müller, Gergonne, Fechner, Szokalski et Scheffler, c'est le violet.

On ne peut supposer que tous ceux de ces auteurs dont les observations s'écartent du principe adopté, ont pris le jaune pour de l'orangé et le bleu pour du violet; d'ailleurs moi-même, lorsque je jouissais du plein usage de mes yeux, j'ai toujours vu, après avoir regardé fixement un objet bleu, une image accidentelle orangée, et non jaune, et, après avoir regardé du jaune, une image violette, et non bleue. Enfin, j'ai fait faire récemment les expériences par six personnes, savoir M. Duprez, mon fils Félix, mon gendre van der Mensbrugghe, ma femme, ma fille et ma belle-fille; et il faut remarquer que les dames, habituées à choisir et à assortir des étoffes, sont de bons juges en matière de couleurs. Un petit carré de soie d'un bleu que toutes ces personnes déclaraient parfaitement pur, et au milieu duquel était marqué un point noir, a été placé sur une feuille de papier blanc bien éclairée par

la simple lumière du jour ; le carré avait environ 3 centimètres de côté ; la personne regardait fixement le point
noir pendant 30" à 40", puis dirigeait les yeux sur une
autre partie du papier blanc, pour observer la teinte de
l'image subjective. M. Duprez a vu du jaune ; mais mon
fils a vu un jaune tirant fortement sur l'orangé, ma femme
une teinte qu'elle a désignée par les mots : couleur abri-
cot, ce qui est une sorte d'orangé, et les trois autres personnes de l'orangé décidé. On a substitué au carré de soie
bleue un carré de papier peint en jaune pur au moyen du
chromate de plomb ; alors M. Duprez a vu du bleu, mon
fils et ma belle-fille du bleu très-légèrement violacé, et
toutes les autres personnes nettement du violet.

Il est conséquemment impossible de conserver le principe qui attribue toujours à l'image accidentelle une teinte
complémentaire de celle de l'objet contemplé ; cela dépend des yeux de l'observateur, et les cas où le principe
est satisfait constituent plutôt l'exception que la règle, du
moins en ce qui concerne le bleu et le jaune.

Je saisis cette occasion pour revenir sur l'explication
du phénomène des couleurs accidentelles. J'ai publié (1),
on le sait, une théorie consistant essentiellement dans
les propositions suivantes :

« 1° Pendant la contemplation d'un objet coloré, la ré-
« tine exerce une réaction croissante contre l'action de la
« lumière qui la frappe, et tend à se constituer dans un
« état opposé. Conséquemment, après la disparition de

_____

(1) *Essai d'une théorie générale comprenant l'ensemble des appa-
rences visuelles, etc* (MÉM. DE L'ACAD. DE BELGIQUE, t. VIII, 1834.)

Dans ce mémoire, je n'ai développé qu'une partie de ma théorie, celle
qui concerne les phénomènes de succession ; mais j'avais exposé, en 1833,
l'autre partie avec des détails suffisants, dans un article intitulé : *Sur les
couleurs accidentelles*, et inséré au supplément au *Traité de la lumière*
de J. Herschel, traduit par Verhulst et Quetelet, p. 490.

« l'objet, elle prend spontanément cet état opposé, d'où
« résulte la sensation de la teinte accidentelle, puis elle
« revient au repos en déterminant, dans l'impression, une
« sorte d'état oscillatoire en vertu duquel cette impression
« tend à passer alternativement de la teinte accidentelle à
« la teinte primitive, et *vice versâ*. Il en est de l'état
« physiologique de la rétine après l'action prolongée de
« la lumière à peu près comme de l'état d'un corps qui,
« écarté d'une position d'équilibre stable, puis aban-
« donné à lui-même, revient au repos par une suite
« d'oscillations décroissantes.

« 2º Des phénomènes analogues ont lieu suivant l'es-
« pace : pendant qu'une portion de la rétine est sou-
« mise à l'action d'une lumière colorée, les portions en-
« vironnantes se constituent dans l'état opposé, d'où
« résulte, tout autour de l'image colorée, une auréole de
« la teinte accidentelle ; enfin, au delà de cette auréole,
« il y a une tendance à la manifestation d'une nuance de
« la teinte même de l'image. Un tel état de la rétine peut
« être comparé à celui d'une surface vibrante, dans la-
« quelle les lignes nodales séparent des vibrations de
« sens opposés. »

Cette théorie, qui fait dépendre d'un seul principe l'ensemble des phénomènes, a été d'abord adoptée en France :
nettement exposée dans la 2me édition du *Cours de physique* de Lamé et dans le *Traité de physiologie* de Longet,
elle est encore professée, je crois, par M. Paul Bert à
la Faculté des sciences de Paris ; mais elle a été fortement attaquée en Angleterre par Brewster, et, en Alle-
magne, par plusieurs physiciens, surtout par M. Fechner (1). Ce dernier a défendu l'ancienne théorie, celle de

(1) *Ueber die subjectiven Complementarfarben* (Ann. DE Poggen-
DORFF, 1838, t. XLIV, p. 513)

Scherffer, d'après laquelle la rétine est simplement passive, et ne perçoit la teinte accidentelle que parce que la contemplation prolongée d'une couleur l'a fatiguée et a émoussé sa sensibilité pour les rayons de cette couleur. M. Helmholtz, qui, dans son *Optique physiologique* publiée en 1860, résume les différentes opinions, se range plutôt à celle de M. Fechner, et, depuis lors, l'autorité des noms de ces deux savants a fait graduellement pencher la balance, même en France, du côté de l'ancienne théorie.

Distrait par des recherches d'une tout autre nature, j'ai laissé le champ libre à mes adversaires. Aujourd'hui, je rentre dans la lice, parce que j'espère ramener les physiciens à mes idées, modifiées, du reste, en certains points.

I. Le principal argument que j'avais fait valoir contre la théorie de Scherffer, est que les images accidentelles se voient parfaitement dans l'obscurité la plus complète. Pour répondre à cette objection, M. Fechner avance que, même dans une obscurité absolue, les yeux perçoivent de faibles sensations de lumière, et il admet que la manifestation des couleurs accidentelles dans l'obscurité est due à ce que la rétine, fatiguée par la contemplation de l'objet coloré, décompose subjectivement les faibles lueurs en question, comme elle décompose, suivant la même théorie, la lumière émanée d'une surface blanche sur laquelle on porte les yeux.

On a accepté bien légèrement cette opinion : Purkinje percevait nettement, dans l'obscurité, la lumière intérieure dont il s'agit ; M. Fechner la perçoit également, ainsi que M. Helmholtz ; mais tous les trois se sont beaucoup fatigué les yeux par des observations sur les phénomènes subjectifs, et si l'on avait fait essayer l'expérience par un nombre suffisant d'autres personnes, on aurait reconnu que le fait de la lumière intérieure est loin d'être général ; M. Kaiser dit (*Compendium der physiolo-gischen Optik*, 1872, p. 159) que l'existence de la lumière propre de la rétine *n'est pas rare* dans les yeux sains. Des six personnes dont j'ai parlé plus haut, deux seulement, ma fille et ma belle-fille, voient des lueurs dans une obscurité complète : la première croit distinguer de larges bandes dont chacune est formée d'un ensemble de points blancs, mais il lui est impossible d'affirmer que ce n'est pas là un simple effet de son imagination ; ma belle-fille voit nettement de nombreux filaments lumineux enchevêtrés ; quant à M. Duprez, à mon fils, à mon gendre et à ma femme, ils ne voient absolument rien : et cependant, lorsque, après avoir contemplé pendant 30'' à 40'' le carré bleu ou le carré jaune placé sur un fond noir, ils ferment les yeux et se les couvrent avec un mouchoir, sans les presser, de manière à exclure toute lumière extérieure, l'image accidentelle se montre à eux avec une parfaite netteté. En outre, ma belle-fille, chez laquelle, ainsi que je l'ai dit, des effets de lumière intérieure se manifestent sous la forme de filaments, m'assure que l'image accidentelle qui s'offre à elle n'est nullement composée de semblables filaments, et lui paraît tout à fait unie.

A l'appui de son opinion, M. Fechner fait remarquer que, lorsque l'objet coloré que l'on a contemplé était placé sur un fond noir, son image accidentelle, dans les yeux fermés et couverts, est entourée d'une auréole relativement claire. C'est, dit-il, que les portions de la rétine qui environnent l'image, étant reposées par l'aspect du fond noir, ont gagné en sensibilité pour la lumière intérieure. Mais l'auréole se manifeste parfaitement chez les quatre personnes dont j'ai parlé qui ne perçoivent pas de lumière intérieure. D'ailleurs, dans l'hypothèse de M. Fechner, il faudrait évidemment que toute la portion de la rétine correspondante à l'image du fond noir se montrât éclairée par la lumière intérieure ; or, chez mon fils, l'auréole conserve, dans les apparitions successives de l'image accidentelle, une largeur qui, bien que variant un peu, n'atteint jamais celle de l'image du carré ; chez mon gendre, l'auréole, qui commence aussi par avoir des dimensions restreintes, s'étend bientôt, il est vrai, à presque tout le champ de la vision, mais elle reprend ensuite ses dimensions premières ; enfin, chez M. Duprez, les choses se sont passées, dans certains essais, comme chez mon fils, et, dans d'autres, comme chez mon gendre.

Les observations de ma belle-fille, laquelle perçoit, nous le savons, de la lumière intérieure disposée en une multitude de filaments, sont plus significatives encore : chez elle, de même que chez mon fils, l'auréole conserve des dimensions limitées ; cette auréole et le champ noir extérieur sont, comme l'image du carré, parfaitement exempts de filaments lumineux ; ceux-ci ne commencent à se montrer que plus tard. Après avoir contemplé pendant 40″ le fond noir seul (c'était une grande pièce de velours) sans carré coloré et s'être ensuite couvert les yeux, ma belle-fille voit naître les filaments après un temps qui, dans trois épreuves successives, a été de 12″, 16″ et 9″, tandis qu'à la suite de la contemplation du carré coloré, les filaments, dans deux expériences, ne sont arrivés qu'après 50″ et 30″. Ainsi, loin que l'image accidentelle se soit dessinée sur la lumière intérieure, elle a, au contraire, empêché la production de cette lumière, et s'est mise à sa place.

Enfin, il est à peine nécessaire de le dire, non-seulement chez M. Duprez, chez mon gendre et chez mon fils, mais encore chez ma belle-fille, l'image accidentelle du carré est plus lumineuse que le champ extérieur à l'auréole.

Comment, après tous ces faits, conserver l'explication

de M. Fechner? Comment n'attribuer à la rétine qu'une simple passivité?

Quant à l'explication de l'auréole, elle dépend de la seconde partie de ma théorie, de celle qui concerne l'espace, partie dont je réserve le développement pour une note ultérieure, si toutefois des faits suffisamment concluants viennent la confirmer.

II. Pour appuyer l'opposition entre les couleurs accidentelles et les couleurs réelles qui les provoquent, j'avais cru pouvoir établir en principe, dans mon mémoire, que, *tandis que le mélange de deux couleurs réelles complémentaires produit du blanc, le mélange de deux couleurs accidentelles complémentaires produit du noir.* J'avais été conduit à cette proposition par l'expérience suivante, due à Scheffer.

Sur une grande surface noire on juxtapose deux carrés de papier égaux, l'un rouge, l'autre vert, ce rouge et ce vert étant, autant que possible, complémentaires l'un de l'autre; le milieu de chaque carré est marqué d'un point noir. On porte alternativement les yeux sur les deux points noirs, en demeurant à peu près une seconde sur chacun; on continue ainsi pendant environ une minute, puis on ferme les yeux et on les couvre parfaitement. On voit bientôt apparaître, au sein d'une auréole blanchâtre, trois carrés juxtaposés, dont les deux extrêmes sont l'un vert, l'autre rouge, mais dont l'intermédiaire, lequel correspond à la superposition des deux effets, est absolument noir.

M. Fechner s'élève contre le principe ci-dessus : Cette expérience, dit-il, n'est évidemment qu'une autre forme de celle qui consiste à contempler la combinaison de deux teintes complémentaires, c'est-à-dire du blanc, et où l'on obtient une image accidentelle noire. Il fait remarquer que lorsque la couleur de l'objet contemplé est le mé-

lange de deux couleurs simples non complémentaires,
celle de l'image accidentelle est toujours le mélange des
accidentelles de ces deux couleurs simples, et il se demande pourquoi, dans ma théorie, le blanc ferait exception, pourquoi l'image accidentelle d'un objet blanc
ne serait pas blanche elle-même.

Ces objections sont en partie fondées ; je reconnais
l'inexactitude du principe énoncé plus haut, et j'explique actuellement d'une manière toute rationnelle le
résultat de l'expérience des deux carrés. Prenons encore,
pour fixer les idées, deux carrés, l'un rouge, l'autre vert,
et supposons ces deux couleurs telles que l'image accidentelle du carré rouge soit identique, quant à la teinte,
au vert de l'autre carré, de sorte que l'image accidentelle
du carré vert aura, de son côté, la même teinte que le
carré rouge. L'œil se portant alternativement, et pendant
un temps très-court, sur chacun des deux carrés, la
rétine peut être considérée comme réagissant simultané-
ment contre les sensations des deux teintes de ceux-ci ;
or, les accidentelles de ces mêmes teintes leur étant
réciproquement identiques, la rétine réagit également
contre ces deux accidentelles, et ne peut conséquemment les produire : voilà pourquoi l'on ne voit que du
noir.

Il est aisé, en outre, de tirer de cette même expérience
un argument contre l'explication de M. Fechner. En effet,
le rouge et le vert bleuâtre des deux carrés ne constituent qu'une partie des couleurs qui composent la lumière blanche ; restent l'orangé, le jaune, une portion du
bleu et le violet, couleurs dont le mélange doit aussi
donner du blanc. Si donc, pour les personnes chez lesquelles se montre de la lumière intérieure, la contemplation alternative des deux carrés rendait simplement la rétine insensible au rouge et au vert bleuâtre,

l'organe devrait conserver sa sensibilité pour le mélange des autres couleurs ci-dessus, et conséquemment l'image accidentelle intermédiaire devrait paraître blanchâtre, ce qui n'est pas.

III. J'ai dit, dans les publications citées au commencement de cette note, que lorsque l'image accidentelle d'un objet coloré est projetée sur une surface dont la couleur n'a point d'élément commun avec celle de l'objet contemplé, la teinte de cette image accidentelle se mêle avec celle de la surface : que, par exemple, lorsqu'on projette sur une surface jaune l'image accidentelle verte qui succède à la contemplation d'un objet rouge, on voit une image d'un vert jaunâtre ; et j'ai fait remarquer que, s'il n'y avait, dans la portion impressionnée de la rétine qu'une simple diminution de sensibilité pour la lumière rouge, la sensibilité de cette même portion pour la lumière jaune ne devrait pas être altérée, et qu'ainsi l'œil ne pourrait percevoir, sur la surface jaune, aucune image accidentelle.

M. Fechner répond à cette objection en rappelant que les surfaces peintes avec les matières colorantes, même les plus pures, réfléchissent toujours une certaine quantité de lumière blanche, et il attribue la perception de l'image accidentelle sur la surface colorée à ce que la portion affectée de la rétine décompose subjectivement cette lumière blanche. Mais, ainsi que je l'ai exposé dans mon article de 1823, article que M. Fechner ne connaissait pas, le même fait se manifeste avec les couleurs du spectre solaire : après avoir regardé fixement un petit disque de papier blanc placé dans le rayon rouge, j'ai porté les yeux sur un disque plus grand éclairé par le rayon jaune, et j'ai vu parfaitement, sur celui-ci, une image d'un beau vert jaunâtre. D'où provenait donc ce vert, alors que la rétine ne recevait que des rayons jaunes homogènes ?

Plus tard, M. S. Exner (1) a effectué, bien que dans un but différent, des expériences du même genre, en prenant plus de précautions que moi pour assurer l'homogénéité des teintes, et il est arrivé à des résultats analogues : par exemple, en projetant sur le violet l'image accidentelle produite par le rouge, il obtient du bleu, etc.

A la vérité, M. Helmholtz, qui a fait une expérience non identique, mais de même sens, essaie d'en rattacher le résultat à la théorie de Scherffer, en recourant à l'hypothèse de Th. Young. D'après celle-ci : 1° en chaque point de la rétine existent trois sortes de fibres nerveuses destinées à nous donner respectivement les sensations du rouge, du vert et du violet; 2° l'excitation à peu près égale de ces trois espèces de fibres donne la sensation du blanc; 3° toute lumière homogène excite à la fois, mais inégalement, les trois espèces de fibres : la lumière rouge, par exemple, excite fortement les fibres appropriées au rouge, et faiblement celles du vert et du violet.

En conséquence de cette hypothèse, lorsque l'œil est frappé par une lumière homogène, la sensation qu'il perçoit devrait être considérée comme mêlée d'un peu de blanc, et c'est ce blanc qui, dans les expériences dont il s'agit, serait subjectivement décomposé par la rétine pour donner l'image accidentelle.

On le voit, on ne parvient à appliquer l'ancienne théorie aux faits observés avec les couleurs homogènes qu'en s'appuyant sur une hypothèse qui n'est pas prouvée. D'ailleurs, même en adoptant les idées de Young, on se trouve en présence d'une difficulté : est-il vraisemblable que la faible sensation de blancheur qui, dans ces idées, accompagne celle d'une lumière homogène, suffise pour

---

(1) *Ueber eigenen subjectiven Gesichts erscheinungen* (ARCHIVES DE PFLÜGER, t. 1er. 1868, p. 375 ; voir p. 389).

produire les effets observés? Comment, par exemple, dans les expériences de M. Exner, la légère sensation de blanc mêlée à celle du violet pourrait-elle, par sa décomposition subjective, amener un résultat capable de donner, en se combinant avec ce violet intense, la sensation du bleu?

IV. Enfin l'ancienne théorie est complétement impuissante à expliquer les oscillations de l'impression qui s'efface, tandis que le fait découle naturellement de la mienne. M. Fechner, qui avait répété avec succès l'expérience principale par laquelle j'avais rendu ces oscillations bien manifestes, attribue, dans son Mémoire de 1838, les passages alternatifs de l'impression par les deux états opposés à des causes étrangères purement fortuites, telles que de petits mouvements de la tête ou des yeux, etc.; mais il est revenu en 1860 sur son opinion (1) ; voici comment il s'exprime :

« Je dois maintenant donner raison à Plateau, contrairement à mes vues antérieures, en ce que la forme oscillatoire dans la marche des images accidentelles est bien la véritable... D'ailleurs cela ne détruit en rien l'opinion établie par moi, qu'il faut voir dans le phénomène des images accidentelles un conflit entre la persistance et l'épuisement (*Abstumpfung*), car, au fond, ce n'est là qu'une simple expression des faits, et nullement une hypothèse ; mais la forme périodique de ce conflit, forme que je croyais autrefois devoir n'admettre que dans des conditions exceptionnelles, est incontestablement la forme normale. »

Dans mon expérience principale, j'avais constaté neuf oscillations réelles, c'est-à-dire cinq passages de l'état primitif à l'état opposé, et quatre de ce dernier état à

____

(1) *Elemente der Psychophysik*, Leipzig, t. II, p. 309.

l'état primitif. M. Marangoni, profitant du fait, découvert il y a longtemps par M. Grove, que les images accidentelles s'avivent sous l'action d'une lumière intermittente, est parvenu, au moyen d'un procédé ingénieux (1), à déterminer, après la contemplation d'un objet blanc éclairé par le soleil, jusqu'à trente passages d'un état à l'autre.

Le fait d'un état oscillatoire succédant à une impression prolongée et subitement interrompue, n'est pas particulier au phénomène des images accidentelles. A la fin de mon Mémoire de 1834, j'ai cité des cas où d'autres sens que celui de la vue manifestent une tendance analogue, et j'ai fait remarquer que la même propriété paraît s'étendre à des sensations d'un ordre purement moral : qui ne sait, par exemple, que souvent des jouissances vives sont suivies d'un sentiment de tristesse ? Cette tristesse se dissipe ensuite peu à peu, pour faire place à des souvenirs agréables qui, eux-mêmes, finissent par s'effacer. Ne sont-ce pas là des oscillations décroissantes du plaisir à la peine, de celle-ci au plaisir, et du plaisir à l'état normal ? Que la cause qui produisait en nous une douleur morale vienne subitement à cesser, nous ne serons pas simplement ramenés à l'état où nous nous trouverions si cette cause n'avait pas existé, mais nous éprouverons un sentiment de joie qui pourra lui-même parfois être suivi de quelque mélancolie; c'est-à-dire qu'il y aura, dans ce cas, oscillations décroissantes de la peine au plaisir, de celui-ci à la peine, et de la peine à l'état normal.

Tout le monde sait que si l'on a regardé pendant quelque temps des objets animés d'un mouvement rapide de translation, que ce mouvement soit réel ou qu'il résulte simplement pour nous de ce que nous nous mouvons en

---

(1) *Nuovo metodo di sviluppare nell' occhio le immagini accidentali abbaglianti* (NUOVO CIMENTO, 2ᵉ série, t. III. 1870, p. 132).

sens opposé, les objets immobiles sur lesquels nous portons ensuite les yeux nous paraissent se mouvoir dans une direction contraire à celle du mouvement primitivement contemplé. Or, c'est là une première oscillation, mais dont la nature est purement psychique.

Ce phénomène a suggéré à M. Helmholtz une explication différente : suivant lui, toutes les fois qu'on veut arrêter le regard sur l'un des objets en mouvement, on doit déplacer rapidement les yeux dans le sens même de ce mouvement ; une fois habitué à considérer ces impulsions volontaires comme appropriées à la vision d'un objet, on essaie de regarder fixement des objets immobiles ; mais les impulsions volontaires, continuant sans qu'on en ait conscience, provoquent des mouvements des yeux, et, comme la personne croit ses yeux immobiles, les objets lui paraissent se mouvoir, et cela suivant un sens opposé à celui du mouvement primitivement observé.

Cette explication est fort ingénieuse ; mais j'ai décrit un phénomène du même genre, auquel elle ne saurait évidemment convenir : je veux parler de l'effet produit par ma spirale tournante (1). L'expérience est bien connue aujourd'hui, je pense ; qu'il me soit permis cependant de la rappeler ici en peu de mots : On fait tourner, dans son plan et autour de son centre, un disque noir sur lequel est tracée en blanc une spirale dont le centre coïncide avec celui du disque ; le mouvement doit être notablement moins rapide que celui qui donnerait lieu à une teinte grise uniforme. On voit alors sur le disque l'apparence d'un mouvement sans cesse renouvelé du centre vers la circonférence ou de celle-ci vers le centre, sui-

(1) *Quatrième note sur de nouvelles applications curieuses de la persistance des impressions sur la rétine* (BULL. DE C'ACAD. DE BELGIQUE, 1849, T. XVI, 2ᵉ partie, p. 254).

vant le sens de la rotation. Or, si l'on tient pendant un temps suffisant les yeux fixés sur le centre, et qu'on les porte ensuite sur un objet en repos, on croit voir celui-ci aller, dans le premier cas, en se rapetissant, et, dans le second, en grandissant. Ce phénomène échappe, on le comprend, à l'explication de M. Helmholtz, puisque dans ce même phénomène le mouvement à lieu dans tous les sens à la fois ; c'est, du reste, ce qu'avait déjà fait remarquer Dvoràk, dans une Note (1) où il varie mon expérience d'une manière extrêmement curieuse.

Enfin, dans cette note, M. Dvoràk montre, par d'ingénieuses expériences, que si les yeux sont soumis à une lumière qui croît assez rapidement jusqu'à un certain point, puis reprend subitement sa valeur originaire pour augmenter de nouveau, et ainsi de suite un grand nombre de fois, et qu'après la dernière augmentation on laisse l'intensité constante, cette intensité paraît, d'une manière nette, aller en décroissant. Si, au contraire, on fait décroître la lumière contemplée, pour lui rendre brusquement sa valeur première, la faire encore décroître, et ainsi de suite, en lui laissant à la fin son intensité minima, cette intensité semble aller aussitôt en croissant. Ajoutons que M. Dvoràk a trouvé le moyen de se garantir de l'erreur qui pouvait résulter des variations de l'ouverture de la pupille. Ici donc, chose bien remarquable, ce n'est ni une sensation de couleur, ni une sensation de mouvement, c'est une sensation de variation d'intensité qui donne lieu à une sensation de nature opposée, c'est-à-dire à une première oscillation.

Ainsi, en général, lorsqu'un organe, et spécialement celui de la vue, est soumis pendant un temps suffisant à

____

(1) *Versuche über die Nachbilder von Reizveranderungen* (BULL. DE L'ACAD. DE VIENNE. t. LXI, 1870, p. 257).

un genre quelconque de sensation, il tend à nous donner ensuite spontanément une sensation contraire. Si le
phénomène des couleurs accidentelles n'avait pas été
connu, les faits que je viens de rappeler auraient pu le
faire prévoir *à priori* ; ces mêmes faits prouvent donc
surabondamment qu'il est tout à fait impossible d'attribuer à la rétine un rôle simplement passif dans la production des couleurs subjectives.

Dans un travail récent (1), M. Mach, après avoir rap-
pelé mon principe des oscillations, fait remarquer qu'il
n'y a point de sensation contraire à celle du son, et que,
par conséquent, après l'audition prolongée d'un son, l'on
ne peut percevoir de sensation opposée. Il fait remarquer
encore que le blanc et le noir ne sont point de nature
contraire, puisqu'ils ne peuvent s'entre-détruire ; ils ne
font que se mêler, en produisant du gris. D'après cela,
l'image accidentelle noire qui succède, dans les yeux fermés et couverts, à la contemplation prolongée d'un objet
blanc sur fond noir, ne serait pas une sensation opposée
à celle de cet objet. Mais ma théorie échappe à cette
difficulté : après la contemplation, la rétine maintient son
état de réaction contre tous les rayons qui composent
la lumière blanche, et cet état de réaction est de nature
opposée à la sensation du blanc ; la preuve, c'est que si,
au lieu de fermer les yeux, on les dirige sur une face
blanche, on voit une image obscure, ce qui montre que
la portion affectée de la rétine continue à réagir contre la
lumière blanche et en détruit en partie la sensation ; or,
puisqu'il y a destruction, il y a nécessairement opposition.

Enfin les expériences de M. Mach sur les sensations de
mouvement qui font l'objet du travail dont il s'agit, le

---

(1) *Grundlinien der Lehre von den Bewegungsempfindungen*, Leipzig,
1875, p. 55.

conduisent à la conclusion qu'elles ne sont pas suivies de sensations opposées. Ces sensations de mouvement sont celles que perçoit un observateur enfermé dans un appareil qui l'entraîne dans un mouvement de translation ou de rotation, sans que cet observateur puisse voir les objets extérieurs. Dans ces conditions, l'observateur ne perçoit le mouvement que lorsque celui-ci est accéléré. Si l'accélération cesse, de façon que le mouvement devienne uniforme, l'observateur croit encore, pendant quelque temps, se sentir entraîné dans le même sens, ce qui constitue la persistance de la sensation ; mais celle-ci n'est pas suivie d'une sensation de mouvement en sens contraire.

Ce dernier résultat serait une véritable exception à mon principe, puisque, pour les sensations de mouvement dont s'est occupé M. Mach, on peut évidemment concevoir des sensations opposées ; mais les expériences de l'auteur ne me paraissent pas suffisamment concluantes. En effet, on sait que, dans le cas de la vision, une contemplation de courte durée donne lieu simplement à la persistance de l'impression primitive, laquelle peut, dans des conditions favorables, être alors assez longue, et qu'il faut prolonger la contemplation pour obtenir une image de nature opposée. Or, on le comprend, dans les expériences de M. Mach, la nécessité de l'accélération du mouvement met obstacle à ce que ce dernier ait comme mouvement accéléré une grande durée, et si l'on pouvait le prolonger davantage comme tel, il serait peut-être suivi d'une sensation de sens contraire.

Revenons aux couleurs accidentelles. Supposons qu'après la contemplation prolongée d'un objet coloré, on porte les yeux sur un champ d'une autre couleur, et considérons en particulier les deux circonstances suivantes : en premier lieu, la couleur de ce champ est homogène, et sa teinte n'entre point comme élément dans celle de l'objet contemplé ; alors la rétine développe spontanément une teinte opposée à celle-ci, et cette teinte se mêle comme on l'a vu plus haut avec celle du champ, pour constituer l'image accidentelle. En second lieu, la couleur du champ n'est pas homogène, et, parmi ses teintes élémentaires, elle en contient une identique à celle de l'objet ; dans ce cas, la rétine qui, pendant la contemplation, réagissait contre l'action de cette teinte et en affaiblissait la sensation, continue la même réaction, de sorte qu'elle ne perçoit avec intensité que l'ensemble des autres teintes élémentaires du champ. Conséquemment quand, après la contemplation prolongée d'un objet rouge, par exemple, posé sur un fond noir, on jette les yeux sur un fond blanc, la portion de la rétine qui avait réagi contre la lumière rouge, continue sa réaction contre les rayons de cette couleur, de sorte qu'elle perçoit avec une intensité relativement plus grande la sensation causée par l'ensemble des autres rayons de la lumière blanche, ensemble qui donne le vert accidentel. Seulement, puisque les couleurs accidentelles ne sont pas toujours les complémentaires des réelles qui les ont provoquées, il faut admettre que la rétine, en même temps qu'elle réagit contre la couleur qui l'a impressionnée, réagit aussi contre d'autres couleurs de teintes voisines. On le voit, je fais jouer à la réaction de la rétine le même rôle que l'ancienne théorie fait jouer à la fatigue de cet organe.

Présentons une dernière remarque. Pour que la réaction de la rétine, réaction qui s'exerce pendant la contemplation même d'une couleur, développe ensuite une teinte subjective, il n'est pas indispensable, on le comprend, que l'action de cette couleur cesse brusquement ; la rétine peut y être soustraite par degrés. Voici une manière simple de faire l'expérience ; elle m'a été indiquée, il y a longtemps, par M. Wheatstone : On recouvre d'un

papier coloré un morceau de carton de grandeur convenable ; pour fixer les idées, je supposerai le papier de
couleur rouge et le carton carré de 15 centimètres de
côté. On tient ce carton à la main, le soir, dans une position à peu près horizontale, et de façon qu'il soit bien
éclairé par une lampe munie de son abat-jour ; on le
regarde fixement pendant 30", puis on l'incline avec une
certaine lenteur dans un sens tel qu'il passe graduellement dans l'ombre ; la durée de ce mouvement d'inclinaison peut n'être que d'environ 3". Pendant ce même mouvement, on voit la couleur rouge s'affaiblir et se chan-
ger en gris, puis apparaît le vert accidentel, qui, lorsque
le carton est tout à fait dans l'ombre, atteint bientôt son
maximum d'intensité. Mais alors, comme ma théorie le
fait prévoir, l'impression accidentelle ne présente aucune
trace d'oscillation ; elle s'évanouit lentement, et d'une
manière parfaitement continue.

Si, après une contemplation de 30" également, on
incline, au contraire, le carton avec rapidité pour le
faire passer d'un seul coup dans l'ombre, la couleur
verte accidentelle manifeste des oscillations nettement
accusées ; seulement ces oscillations consistent simplement en des disparitions et réapparitions de la couleur
verte, sans phases rouges intermédiaires. L'expérience a
été effectuée à deux reprises par mon gendre, puis, également à deux reprises, par mon fils Félix, et toujours
avec les mêmes résultats.

Nota. Depuis la présentation de cette note à l'Académie, j'ai eu connaissance d'un travail de M. Hering, intitulé : *Zur Lehre vom Lichtsinne*, et publié, en 1873-74,
dans les tomes LXVIII et LXIX du Bulletin de l'Académie de Vienne. Ce travail m'est parvenu trop tard pour
que j'aie pu l'étudier dans tous ses détails ; j'ai dû me
borner aux points qui me paraissent le plus en rapport

avec le contenu de ma note ; voici ce que je crois pouvoir en dire aujourd'hui d'après cet examen incomplet.

L'auteur s'élève contre l'ancienne théorie des couleurs accidentelles, en s'appuyant principalement sur le fait des oscillations de l'impression ; il s'élève aussi contre ma théorie, en attaquant surtout la proposition dont j'ai moi-même reconnu l'erreur dans la note actuelle ; il paraît ne connaître ma théorie qu'imparfaitement, et il avance qu'elle n'explique qu'une partie des faits : je ne sais s'il motive cette accusation. Enfin il propose une théorie nouvelle, d'accord, dit-il, avec les notions modernes sur la physiologie des nerfs ; il admet les principes suivants : l'excitation produite par la lumière sur la rétine détermine, dans la substance nerveuse de l'organe, une altération chimique, qu'il nomme *désassimilation ;* mais, en même temps, la rétine *réagit,* et exerce un travail de réparation, d'*assimilation ;* cette assimilation tend à ramener l'organe à l'état de repos, c'est-à-dire à l'absence de sensation, et conséquemment elle diminue progressivement l'intensité de la sensation perçue. En second lieu, quand une portion limitée de la rétine est seule directement excitée, les portions environnantes subissent, par une influence latérale, un accroissement d'assimilation, de sorte que leur obscurité paraît augmenter. L'auteur applique surtout ces principes aux phénomènes que présente un objet blanc sur fond noir, ou *vice versâ ;* le temps m'a manqué pour chercher comment il étend les mêmes principes aux couleurs, et pour me faire une idée nette de cette nouvelle théorie ; elle me semble coïncider sensiblement avec la mienne, tant à l'égard des phénomènes suivant le temps qu'à l'égard des phénomènes suivant l'espace : les deux théories invoquent une réaction de la rétine et une action latérale de l'impression ; mais M. Hering définit la nature de la réaction.

TABLE DES MATIÈRES

ACOUSTIQUE.

PHYSIQUE DU GLOBE.

OPTIQUE PHYSIOLOGIQUE.

Saint-Denis. — Imprimerie de Ch. Lambert, 17, rue de Paris.